ERLANGER GEOGRAPHISCHE ARBEITEN

Heft 45

Erlangen 1985

Selbstverlag der Fränkischen Geographischen Gesellschaft
in Kommission bei Palm & Enke

Begründet von Otto Berninger und Joachim Blüthgen

ISSN 0170-5172 · ISBN 3-920405-59-5

Herausgegeben von Eugen Wirth
Schriftleitung: Christl Hauck, Friedrich Linnenberg, Manfred Schneider
Umschlagentwurf: Gerhard Wiegandt

Gedruckt in der Universitäts-Buchdruckerei Junge & Sohn, Erlangen

Die Grenzen des Wachstums, geognostisch gesehen*

von

Gerd W. Lüttig

Mit 7 Kartenskizzen und Figuren

Inhaltsübersicht

		Seite	
1.	Bewertung der vorhandenen Entwicklungsprognosen	1	5
2.	Ressourcen, Reserven, Zugänglichkeit und Lebensdauer von Vorräten	3	7
3.	Situation der Versorgung mit Energieträgern, metallischen und nichtmetallischen Rohstoffen und anderen geogenen Gegebenheiten	11	15
	a) Energieträger	11	15
	b) Metallische Rohstoffe	21	25
	c) Nichtmetallische Rohstoffe	23	27
	d) Andere geogene Gegebenheiten	28	32
4.	Beurteilung des Geopotentials, mit besonderer Berücksichtigung der Entwicklungsländer	29	33
5.	Konsequenzen für die Wirtschaft	33	37
6.	Folgerungen für die Ausbildungs- und Forschungsstrategie	37	41
7.	Planerisches und politisches Umfeld	40	44
8.	Zusammenfassung	44	48
9.	Schrifttum	45	49

1. Bewertung der vorhandenen Entwicklungsprognosen

Vom Grundsätzlichen her bestehen in bezug auf die Bewertung der im wesentlichen vom Club of Rome ausgehenden Entwicklungsprognosen – vgl. Meadows 1972, Pestel 1973, 1975 – vor allem, was ihren energie- und rohstoffwissenschaftlichen Teil anbelangt (V. Baum 1979, Govett u. Govett 1976, Uytenbogaardt 1975, Barthel et aliae 1976, u. a. m.), zwei Tendenzen: Die eine Gruppe der Kommentatoren nimmt die Prognosen als bewiesene Hinweise auf bestehende Grenzen, spricht daher klar von Grenzen des Wachstums. Die andere Partei hält sie – aus welchen Gründen auch immer – für unbewiesene, apokalyptische, Unruhe und Hysterie schaffende Übertreibungen.

---

*) Nach der akademischen Antrittsvorlesung an der Universität Erlangen-Nürnberg, gehalten am 11. 2. 1981 in Erlangen.

Wer, wie der Autor, die Entstehung und Kommentierung der Prognosen, wie z. B. der von Eduard Pestel, aus der Nähe verfolgt hat, gewinnt den Eindruck, daß die Prognosen von einigen Kommentatoren nicht richtig gelesen oder wenigstens nicht vollständig verstanden worden sind. Denn es handelt sich dabei um Annahmen, Rechenmodelle, Schätzungen mit auf den einzelnen Feldern unterschiedlicher Beweisdichte, die dazu dienen sollen, auf zu erwartende Klippen und Schwierigkeiten hinzuweisen.

Klar ist auch von den mehr oder minder gut interpretierten Autoren erkannt worden, daß es bei der Entwicklung in die Zukunft nicht so sehr auf das gesellschaftspolitische Ambiente ankommt, sondern auf wirtschaftliche Elemente, auf die geogene Wirklichkeit, wie Energie, Rohstoffe, kurzum das *Geopotential*.

Vom Geopotential hängt es ab, welche Entwicklung die Wirtschaft nehmen kann, und durch die wirtschaftlichen Möglichkeiten ist es hinwiederum bedingt, welche politischen Denkmodelle sich durchsetzen lassen, *nicht umgekehrt*. Diese durch die Träume zahlreicher Ideologen verschleierte Binsenwahrheit gilt es in den Mittelpunkt der Diskussion um die Zukunft der Menschheit zu stellen; und wenn wir nicht über unsere Sucht zur Diskussion um jeden Preis, über das Gerede vom Wachstum des Verbrauchs, von der Steigerung der Lebensqualität und von der Daseinsvorsorge sowie über andere Schlagwörter in den Nebel der Ungewißheit hineinrennen wollen, werden wir über die nur unscharf beschriebenen Barrieren, die uns dort erwarten, eines nahen Tages stolpern.

Kurzum: Es kommt nicht darauf an, welche der beiden Kommentatoren-Gruppen in der Frage, wo die Grenzen des Wachstums liegen und wie sie definiert sind, recht hat. Denn unbestritten ist, daß Energie- und Rohstoffbedarf durch ansteigende Kurven zu beschreiben sind.

Man soll sich nicht durch jene Sorte von Prognosten irritieren lassen, die da sagen, wegen des Kohlenwasserstoff-Versorgungsschockes sei doch, zum Beispiel in der Bundesrepublik, der Verbrauch von Erdöl zurückgegangen, und daraus sei zu schließen, daß die Frage eines weiteren Wachstums überhaupt offen sei. Bei dieser Betrachtung wird vollkommen übersehen, daß – im Weltmaßstab gesprochen – allein bedingt durch die Zunahme der Weltbevölkerung und durch die unaufhaltsame Steigerung des Verbrauches, die vor allem durch die Hebung des Lebensstandards in den Entwicklungsländern verursacht ist, das Wachstum des Verbrauches auf einen Automatismus zurückgeht, der nicht aufgehalten werden kann. Zunahme des Verbrauches und Hinzufindung neuen, noch in Nutzung zu nehmenden Geopotentials sind aber durch Kurven gekennzeichnet, die eine immer größer klaffende Schere bilden.

2. Ressourcen, Reserven, Zugänglichkeit und Lebensdauer von Vorräten

Vor der genaueren Betrachtung des geologischen Teiles der das Wachstum beeinträchtigenden, zum Teil hemmenden Faktoren ist es notwendig, die Kategorien und Begriffe klar zu stellen, auf denen die Rohstoffkunde ihre Prognosen aufbaut. Diese Begriffe werden in der Öffentlichkeit, vor allem von den Gazetten, häufig durcheinander gebracht, wodurch ein Teil der Mißverständnisse und der Deutungsunterschiede entsteht.

Ressourcen sind die geologischen Vorräte eines Rohstoffes, die sich aus der Verbreitung, Mächtigkeit und dem Aufbau des Gesteinskörpers errechnen lassen, in dem der betreffende Rohstoff liegt. Der Ausdruck „geologische Vorräte" bedeutet, daß das Volumen ohne Rücksicht auf die Brauchbarkeit aller Teile des geologischen Körpers berechnet worden ist, d. h. unverwertbare Zwischenmittel (z. B. eines Flözes, auch Teile desselben, die wegen seitlicher Vertaubung wirtschaftlich uninteressant sein können) können in der Summierung zu den geologischen Vorräten gerechnet worden sein. Zu diesen Ressourcen zählt man auch *die* Teile einer Lagerstätte, die wegen ungenauer Untersuchung noch nicht exakt abgeschätzt werden können, also auch die „wahrscheinlich" genannten Vorräte, die man auf Grund geologischer Interpretation des Baues als zur Lagerstätte gehörig vermutet, z. B. in der Fortsetzung eines erschlossenen Lagerstättenteiles oder zwischen zwei weit auseinanderliegenden Beobachtungspunkten.

Die Ziffer, die man über die geologischen Vorräte angibt, wird also immer größer sein als die der technisch gewinnbaren, d. h. nach dem jeweiligen Stand der Technik ausbringbaren Teile des Rohstoffkörpers („technisch gewinnbare Vorräte" genannt), letztere wiederum größer als die der *wirtschaftlich gewinnbaren Vorräte*, die sich aus den jeweiligen, sich laufend ändernden Wirtschaftlichkeitsrechnungen ergibt. Ist die Gewinnung eines Rohstoffkörpers zum gegebenen Zeitpunkt nicht wirtschaftlich, sei es wegen zu geringer Menge oder zu geringer Konzentration, dann ist der betreffende geologische Körper keine *Lagerstätte*, sondern ein *Vorkommen*. Der Teil der Ressourcen, der exakt nachgewiesen und wirtschaftlich gewinnbar ist, bildet die *Reserven*. Die Zahlen über die Reserven (als *Teil* der Lagerstätten-Ressourcen) ändern sich, dem Stande der Beobachtung, der Technik und der Wirtschaftlichkeit entsprechend, ständig.

Der Geologe, der geologische Vorräte von Rohstoffen nachweist, ermittelt daher zunächst Ressourcen und schafft – zusammen mit dem Bergmann, Aufbereitungsfachmann und Bergwirtschaftler – in ständiger Verdichtung der Beobachtung aus den Ressourcen die Reserven. *Auf diese Reserven kommt es bei der Betrachtung wirtschaftlicher Situationen an. Reserven- und Ressourcenzahlen werden aber ständig durcheinandergebracht.* Wenn es oft heißt, von einer Verknappung eines Rohstoffes könne nicht gesprochen werden, weil ständig neue Lagerstätten hinzugefunden werden, so sollte man das präziser so ausdrücken: Man findet zweifelsfrei neue Vorkommen; bis die darin enthaltenen Ressourcen aber Reserven einer Lagerstätte werden, d. h. wirtschaftlich gewinnbar sind, ist ein weiter Weg, der meist über Kostentreppen führt. Hier liegt der Hauptansatzpunkt der vernünftigen Prognostik: Warnungen wegen eines zu erwartenden Rohstoffproblems sollen Hinweise auf derartige Barrieren sein, die wir durch Anhebung des Kostenniveaus überschreiten können. Die Schwierigkeit, vor der wir stehen, ist dabei nicht einer ansteigenden Ebene zu vergleichen, wie sich das einige Interpreten vorstellen, die meinen, indem man den Preis, zum Beispiel für ein Metall, kontinuierlich anhebe, vergrößere man – wegen Veränderung der Bauwürdigkeitsgrenze – ständig das Angebot an Rohstoffen. Dieser Schluß ist verhängnisvoll, wie man am Beispiel der Buntmetalle zeigen kann. Zwar ist eine bestimmte Menge von Buntmetallen in unterschiedlicher Konzentration in unserer Erdkruste verteilt, aber das heißt nicht, daß ich die Technik und den Preis an jede Konzentrationsgrenze kontinuierlich heranführen kann. Nachdem nämlich in den Zeiten des alten Bergbaues fast ausschließlich Buntmetallsulfide gefördert wurden, die eines Tages erschöpft waren, erforderte der nächste petrographische Erztyp, die Oxide, (und erfordert so auch erst recht der nächst geringer konzentrierte, der silikatische) schwierige Aufbereitungsverfahren, hohe Investitionen, enorme Energiekosten. Das führt zur Anhebung von Technik und Preis über eine *Treppenstufe.* Und es ist doch unbestreitbar, daß derjenige, der diese Stufe erklimmen muß, sie erst einmal wie eine Mauer vor sich sieht, deren Übersteigbarkeit er mit großer Skepsis einschätzt. Die Rohstoffwirtschaft in unserer durch Mangelanzeichen markierten Gegenwart befindet sich also nicht auf einer Bergstraße, die allmählich zu sonnigen Hängen ansteigt, sondern sie muß über Katarakte hinaufklimmen und Steinschlag, Bergstürze und Lawinen in Kauf nehmen.

Daß das so ist, ist nun nur zum kleinen Teil den Geologen anzukreiden, die Mühe haben, den Moloch Wirtschaft mit ständig neuen Lagerstätten-Hinzufunden zu füttern. Jedermann, der – glücklich über einen Neufund – sich heute die Hände reibt, muß nämlich sehr bald erkennen, daß der Weg bis zur Erschließung und Gewinnung des Schatzes mit schlüpfrigen Steinen gepflastert ist. Je nach bürokratischem Standard des betreffenden Landes ist dieses Pflaster mehr oder minder griffig. Über Kartierung, Aufschlußprogramm, Feasibility-Studie, Konzessionserwerb, Aufschlußverfahren, Finanzierungsplan, Raumordnungsverfahren, Anhörungen, Einspruchsverfahren robbt man sich bis an die Genehmigung des Abbaues heran – Schmiergelder, Konzessionsgebühren, Investitionskosten für Abbau-Maschinen, für Transport- und Aufbereitungs-Gerät und für die Verarbeitungsstätten aus der Tasche ziehend, bevor der erste Verkaufserlös in der Kasse klingelt. Dieser Weg wird immer hürdenvoller.

Denn während sich die Zivilisation durch immer höher werdende Ansprüche des Bürgers einen rasant steigenden Verbrauch an Rohstoffen (siehe Abb. 1) angewöhnt hat, sind einige ihrer Mitglieder in einer Art von Schizophrenie, auf deren Ursache später zurückzukommen sein wird, auf den Gedanken verfallen, den durch den Verbrauchsanstieg verbundenen Eingriff des Menschen und seiner Industrie in den Naturraum durch oft widersinnige und übertriebene Umweltschutz-Vorgaben zu stoppen. Das heißt, daß die eine Hand verhindern will, was die andere zu tun im Begriff ist.

Durch Prioritätssetzung zugunsten von Umwelt-, Natur- und Landschaftsschutz werden daher – und das in zunehmendem Maße – Lagerstätten und Rohstoffvorkommen anderweitig verplant, *besetzt*, für die Rohstoff-Wirtschaft unzugänglich gemacht. Dadurch werden die Reserven herabgesetzt, die Lebensdauer wird oft wesentlich eingeschränkt.

An einem Beispiel aus Nordwestdeutschland kann dieser Fall verständlich gemacht werden. Dieses Beispiel betrifft die Versorgung des Küstengebietes mit Kies. Der Absatz von *Kies* von den Fördergebieten in die Verbrauchsregionen der Bundesrepublik kann nur dann unter ökonomischen Bedingungen geschehen, wenn ein Überlandtransport keine größeren Strecken als 50–60 km zu überwinden hat. Ist die Entfernung größer, kommen zu den Förder-, Aufbereitungs- und Klassierungskosten so hohe Transportkosten hinzu, daß diese die Förderkosten übersteigen und der Kies vom Verbraucher, das ist überwiegend die öffentliche Hand, nicht mehr abgenommen wird. Beim Schiffstransport (vor allem durch in den EG-Bestimmungen liegende Frachtvergünstigungen bedingt) können größere Entfernungen zwischen Produzent und Verbraucher überbrückt werden. Deswegen erreicht z. B. im Oberrheingebiet gebaggerter Kies gegenwärtig mit günstigem Preis über den Niederrhein, den Dortmund-Ems-Kanal und den Küstenkanal noch Absatzgebiete im nordwestlichen Niedersachsen – ein exzeptioneller Fall!

In unserem Beispiel gehen wir davon aus, wir wollten zur Versorgung Nordwestdeutschlands Seekies einsetzen. Dazu konstruieren wir von den Häfen, an denen dieser Kies angelandet werden könnte, Schlagkreise von 60 km Radius, das heißt, daß die in diesen Schlagkreisen liegenden Orte mittels Landtransport noch kostengünstig erreichbar sind. Die Versorgungssituation im betreffenden Umland wird aus der Verbrauchs-Situation (Abb. 2) und der Angebotslage (Abb. 3) ermittelt. Die Angebotslage basiert auf den Kiesreserven des entsprechenden Raumes. Sie sind in diesem Gebiet durch geologisch-lagerstättenkundliche Untersuchungen gut bekannt.

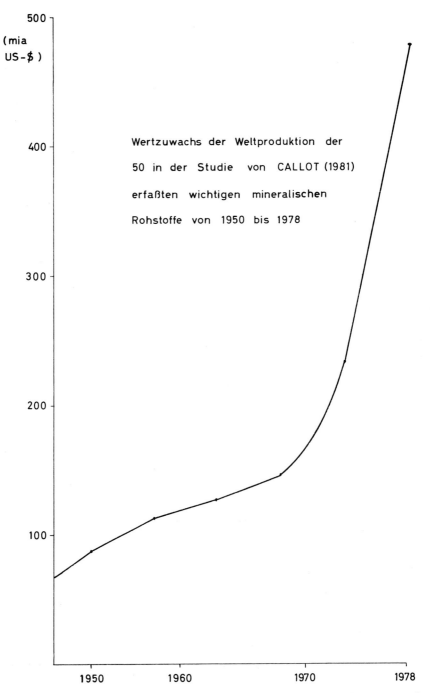

Abb. 1. Fünfzig wichtige mineralische Rohstoffe im Wertzuwachs ihrer Weltproduktion von 1950 bis 1978. Nach CALLOT 1981

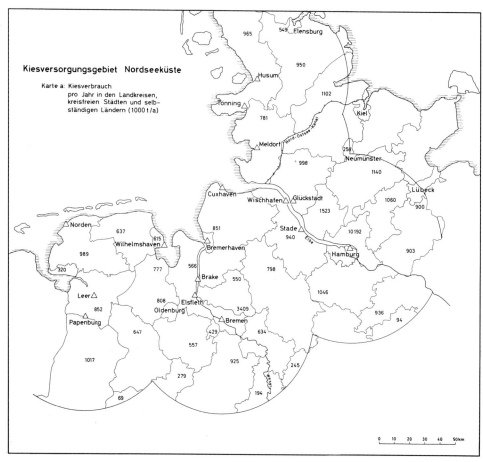

Abb. 2. Kiesverbrauch in den Landkreisen, kreisfreien Städten und selbständigen Ländern des Kiesversorgungsgebietes an der Nordseeküste (in 1000 t/Jahr)

Wie bei allen wirtschaftsgeologischen Abschätzungen kann aus der Aufstellung über Angebot und Nachfrage die *statische Lebensdauer* der Vorräte errechnet werden. Sie wird gebildet aus der Division der *gegenwärtigen Reserven* durch den *gegenwärtigen* Verbrauch.

Die statische Lebensdauer der Vorräte ist eine Zahl, die für die Planung meist nicht ausreicht, da bekanntermaßen der Verbrauch im allgemeinen steigt. Vergleicht man eine erwiesene oder angenommene Verbrauchssteigerung mit den gegenwärtigen Reserven, so ergibt sich die *semidynamische Lebensdauer*. Da man aber im allgemeinen damit rechnen kann, daß die Reserven durch Hinzufunde erhöht werden können, wäre die richtige Zahl die *dynamische Lebens-*

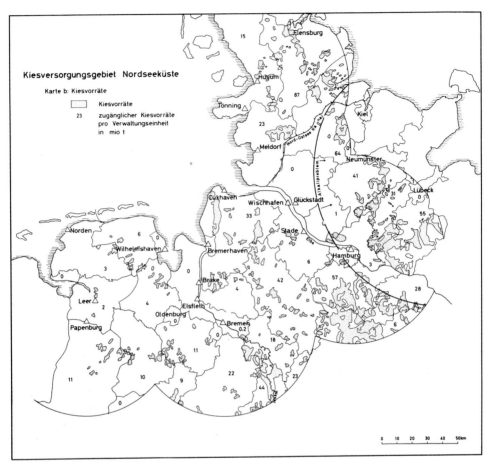

Abb. 3. Zugängliche Kiesvorräte in den einzelnen Verwaltungseinheiten des Kiesversorgungsgebietes Nordsee (in Mio t)

dauer. Leider ist diese Größe oft nur mangelhaft abschätzbar, da zwar die Verbrauchszunahme (oder -abnahme) relativ gut abgeschätzt werden kann, die Größe der Hinzufunde – bei den einzelnen Rohstoffgruppen und in den verschieden gut untersuchten Regionen mit unterschiedlicher Genauigkeit – jedoch insgesamt weniger genau vorauszusagen ist. Dieses Hauptproblem des Club of Rome und anderer Prognosen ist uns bereits begegnet.

Im Falle des nordwestdeutschen Kieses stellt sich die Frage der dynamischen Lebensdauer kaum, da die Größe der Reserven gut überblickbar ist und wesentliche Hinzufunde in dem relativ dicht abgebohrten Gebiet so gut wie auszuschließen sind. Die Verbrauchsentwicklung kann lediglich abgeschätzt

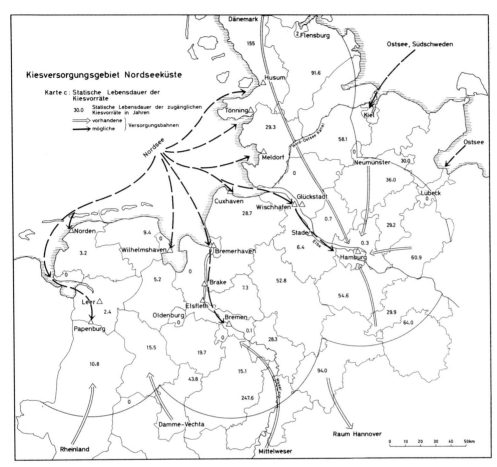

Abb. 4. Statische Lebensdauer der Kiesvorräte im Kiesversorgungsgebiet Nordsee mit Hinweisen auf versorgungsstrategische Möglichkeiten

werden. Sie ist wesentlich von den öffentlichen Bauvorhaben abhängig, die den größten Teil des Kiesverbrauches bedingen und deren Entwicklung der Staat als Planungsträger überschauen müßte, so daß er eigentlich – welch kühner Gedanke! – seinerseits die semidynamische Lebensdauer der Kiesvorräte bestimmen können müßte.

Aus den bekannten Kenngrößen, vor allem auf der Basis der geognostischen Kenntnisse, ergibt sich für das auf Abbildung 2 gekennzeichnete Versorgungsgebiet (Basisjahr der Berechnung 1978) ein kumulativer Kiesverbrauch von 41,7 mio t/Jahr, dem Vorräte von 1634 mio t – alle auf überbrückbare Entfernung umgerechnet – gegenüberstehen. Daraus würde sich eine statische

Lebensdauer der Kiesvorräte von 39,2 Jahren ergeben. *Diese Zahl stimmt jedoch nicht.* Denn in dem in Frage stehenden Gebiet sind viele der Lagerstätten
- durch Siedlungen oder Verkehrswege überbaut
- als Wassergewinnungs- oder Grundwasser-Vorbehaltsgebiete oder
- als Naturschutz-, Landschaftsschutz-, Erholungsgebiete usw. besetzt.

Aus einer relativ zuverlässigen Abschätzung dieses anderweitig besetzten Naturraumpotentials ergibt sich, daß nur 32 % der Kiesvorräte zugänglich sind. *Dadurch wird die statische Lebensdauer auf 15,8 Jahre herabgesetzt.* Ein Teil der Lagerstätten in Schleswig-Holstein besitzt außerdem wegen der dort in den Kiesen verbreiteten Opalsandsteine und des dadurch bedingten Alkaliproblems im Beton nur verminderte Brauchbarkeit. Die aus der oben geschilderten Darlegung entwickelte Folgerung ist, daß zur Versorgung des nordwestdeutschen Küstengebietes eine klare Strategie entwickelt werden muß, in der die Förderung von Meereskies, ähnlich wie in Großbritannien, ein wichtiger Bestandteil ist (LÜTTIG 1978b, vgl. Abb. 4).

Ein ähnliches Beispiel dieser Art ist aus dem Raume südlich von Hannover durch V. STEIN u. E. HOFMEISTER (1977) bekanntgemacht worden. Dort stehen etwa 230 Mill. t an Kiessand an. Durch Ansprüche der Wasserwirtschaft, der Siedlungs- und Erholungswirtschaft, für den Straßenbau und die Neubaustrecke der Bundesbahn werden Flächen mit Vorräten von 70 bis 90 Mill. t Kiessand benötigt bzw. besetzt. Jährlich werden zwischen 3 und 5 Mill. t Kies im frei bleibenden Gebiet gefördert. Unter der Voraussetzung, alle Restflächen würden für den Abbau freigegeben und der Verbrauch bliebe nahezu konstant, würden die Vorräte also noch für 30 bis 40 Jahre ausreichen. Da die Öffentliche Hand über 50 % des geförderten Sandes und Kieses verbraucht, sollte es im öffentlichen Interesse liegen, dieser Entwicklung nicht tatenlos zuzusehen, sondern alles nur mögliche zu unternehmen, um die Versorgung langfristig sicherzustellen.

In diesem Zusammenhang sind auch die Zugänglichkeit hemmende privatrechtliche Hindernisse zu nennen. Kies und Sand unterliegen dem Verfügungsrecht des Grundeigentümers. Während die Eigentümer früher etwa 5 bis 8 DM/m^2 Abbauland verlangten, werden heute Forderungen von 20 DM/m^2 und mehr erhoben. Damit erreichen die Grundstückskosten etwa 25 bis 30 % der Produktionskosten. Dieser Wert ist unvertretbar hoch. Er verhindert den weiteren Aufschluß von Lagerstätten geradezu. Zusätzlich werden kiesfördernde Flächen für die Grundwassergewinnung und als Bauland beansprucht. Die Aufrechterhaltung der Schiffahrtsstraßen und der Hochwasserschutz erfordern bestimmte Abstände zwischen Kiesgruben und Fluß; Sicherheitsabstände zu Straßen und Energieleitungsstraßen sind einzuhalten. Das führt dazu, daß von den großen Vorräten kurz- bis mittelfristig nur ein kleiner Prozentsatz, nach STEIN und HOFMEISTER (1977) etwa 5 bis 7 %, tatsächlich für den Abbau zur Verfügung steht. Bei dieser Bewertung ist noch nicht berücksichtigt, ob neue Abbaue in den an sich „problemlosen" Teilbereichen auch wirklich genehmigungsfähig sind. – Das über die Kieslagerstätten Gesagte gilt mehr oder weniger ebenso für andere Rohstoffgruppen.

Zusammenfassend muß mithin festgestellt werden, daß die Lebensdauer der Rohstoff-Reserven durch jene Vorgaben herabgesetzt wird, die von der Gesellschaft für wichtiger als die Rohstoffversorgung gehalten werden. Die Gesamt-Reserven werden mithin entscheidend durch *verminderte Zugänglichkeit* herabgesetzt. Das heißt, daß es *der Bürger*, der die Entscheidungsträger einsetzt, in vielen Fällen *selbst zu verantworten hat*, wenn er in mehr oder minder naher Zukunft vor *Versorgungsengpässen* steht. Die Konsequenzen dieser Schizophrenie sollten sich vor allem jene Bürger klarmachen, die zwar alle durch die Rohstoffgewinnung hervorgerufenen Annehmlichkeiten beanspruchen, gleichzeitig aber die Rohstoffgewinnung durch *übertriebene* Umwelt- und Naturschutz-Forderungen behindern.

3. Die Situation der Versorgung mit Energieträgern, metallischen und nichtmetallischen Rohstoffen und anderen geogenen Gegebenheiten (wie z. B. Wasser und Boden)

Neben der durch die Vermengung der Kategorien (siehe Kapitel 2) entstandenen Begriffsverwirrung ist in der Öffentlichkeit Unsicherheit durch die Publikation unterschiedlicher Zahlen über die Reserven als solche entstanden. Das hängt damit zusammen, daß die Schätzungen aus verschiedenem Munde stammen. In den Chor der sachkundigen Prognosten hat eine Menge von Scharlatanen, geltungssüchtigen Halbgebildeten und Vertretern handfester Sonderinteressen eingestimmt. Ein Teil der entsprechenden Äußerungen sind bewußte Irreführungen.

Der Verfasser stützt sich bei der Wiedergabe von Reserven und Lebensdauer auf Zahlen, die von neutralen und unabhängigen Stellen mit hohem wissenschaftlichen Kenntnisstand publiziert worden sind, zum Beispiel auf solche der Bundesanstalt für Geowissenschaften und Rohstoffe in Hannover, des US Bureau of Mines, des US Geological Surveys usw. Danach ergibt sich folgendes:

a) Energieträger

Wir haben *zwei Gruppen von Energieträgern* zu unterscheiden: die nicht erneuerbaren und die sich nicht oder weniger ständig regenerierenden. *Nicht erneuerbar* sind Kohlen, Kohlenwasserstoffe und Kernbrennstoffe. Die Kohlenwasserstoffe bilden in Gemeinschaft mit den Kohlen-Gesteinen als gespeicherte Sonnenenergie den organischen Zweig, die Kernbrennstoffe Uran und Thorium den anorganischen Anteil innerhalb der Gruppe nicht erneuerbarer Energieträger. – *Erneuerbar* sind Erdwärme (geothermische Energie), Sonnenenergie, Windenergie, Gezeitenkraft usw.

Bei dem *Angebot* an Energieträgern unterscheiden wir nach der gegebenen Definition zwischen vorhandenen, gewinnbaren und ökonomisch gewinnbaren Reserven. Das Verhältnis ökonomisch gewinnbarer zu vorhandenen Reserven wird von BARTHEL u. a. (1977) wie folgt geschätzt:

```
Erdöl, Erdgas = 1 :  3
Ölsande       = 1 :  9
Ölschiefer    = 1 : 15
Kohle         = 1 : 18
```

Das *Gesamt-Angebot an fossilen Energie-Rohstoffen* beträgt nach dieser Berechnung 12 500 mia t SKE*. *Technisch gewinnbar* sind 890 mia t SKE fossile Energieträger und 260 mia t SKE Kernbrennstoffe.

Unter den fossilen Energie-Rohstoffen nimmt zweifelsfrei die *Kohle* eine Vorrangstellung ein. 80 % der vorhandenen, 62 % der technisch gewinnbaren, 56 % der wirtschaftlich gewinnbaren Vorräte gehen auf Kohlengesteine zurück. In der Bundesrepublik beinhalten die Kohle-Ressourcen 282 mia SKE; diese SKE gehen auf 230 mia t Steinkohlen und 52 mia t Braunkohlen zurück.

Gegenwärtig sind 10 mia t der Braunkohlen-Vorräte in Tagebauen aufgeschlossen oder werden in Bälde für den Abbau verfügbar sein. Rechnet man auf der Basis der gegenwärtigen Steinkohlenförderung die statische Lebensdauer der *Steinkohlen* aus, so kommt man zu 190 Jahren. Neue Technologien der Veredelung, die Entwicklung preiswerter Abbau- und Entschwefelungsverfahren sowie der Untertagevergasung und die Umsetzung von Umweltschutzmaßnahmen werden den Wert für die dynamische Lebensdauer entscheidend beeinflussen. – Da die Gewinnungskosten für Kohlen außerordentlich stark schwanken – sie betragen in der Bundesrepublik 100–130 DM/t, in den USA 8–30 DM/t, in Südafrika 7–8 DM/t –, ist die Bedeutung von Kohleimporten für die Bundesrepublik nicht zu übersehen.

Bei Zugrundelegung der gegenwärtigen Förderung von *Braunkohle* berechnet sich für diese eine Lebensdauer von 270 Jahren. Die Gewinnungskosten betragen (z. B.) in der Bundesrepublik 10–12 DM/t, in Australien 5 DM/t. Für die Stromversorgung ergibt sich daraus eine besondere Gunst der Braunkohle in

---

*) Steinkohlen-Einheiten: 1 SKE = 7000 kcal/kg = 29308 kJ/kg.

der Bundesrepublik; ihr steht nur die Konzentration der Braunkohlenlagerstätten im Niederrhein-Gebiet entgegen.

Die nachgewiesenen Weltreserven an *Erdöl* betragen 98 mia t. Davon liegen 22 % offshore, das heißt auf dem Festlandssockel und am Kontinentalhang. Hinzu kommen Ressourcen von 192 mia t, so daß die Gesamtressourcen 290 mia t betragen. – Der Nahe Osten stellt 56,4 % der nachgewiesenen und 36,9 % der Gesamtreserven. 60 % der nachgewiesenen Erdölreserven verteilen sich auf 5 Länder, und zwar auf Saudi-Arabien, die UdSSR, Irak, Iran und die USA.

Die statische Lebensdauer des Erdöls beträgt *34 Jahre* (1977), die semidynamische (je nach angenommener Fördersteigerung zwischen 2–6 %) 26–18 Jahre bei Zugrundelegung der Reserven, bei Zugrundelegung der Ressourcen *55–33 Jahre*. Das heißt zwangsläufig: Mit einer Verknappung des Erdöls ist vom Jahre 2000 an zu rechnen. – Weitaus wichtigstes Fördergebiet wird der Nahe Osten bleiben. Afrika (14,8 % der Gesamtreserven) kann seine Förderung noch wesentlich steigern.

Die nachgewiesenen Reserven für *Erdgas* betragen 72000 mia Ncbm (Norm-Kubikmeter). Davon liegen 20 % offshore. Hinzu kommen 163000 mia Ncbm Ressourcen; daraus ergeben sich 235000 mia Ncbm Gesamtressourcen. Die Konzentration auf wenige Länder ist noch ausgeprägter als beim Erdöl. Die 5 wichtigsten Erdgasländer sind und werden bleiben die UdSSR, die USA, Iran, Algerien und Kanada.

Die statische Lebensdauer wird von BARTHEL u. a. (1977) mit 54 Jahren angegeben, die semidynamische (Basis: Reserven) mit 36–24 Jahren bzw. (Basis: Ressourcen) mit 75–41 Jahren. Eine Verknappung vom Jahre 2000 an ist offensichtlich.

Die Bundesrepublik deckt (im Gegensatz zum Erdöl) immerhin einen Anteil ihres Erdgasbedarfes durch eigene Förderung (20 mia Ncbm/Jahr); 1985 werden jedoch nur noch 27 % des Verbrauchs aus eigener Förderung gedeckt werden können.

Sowohl beim Erdöl als auch beim Erdgas sind die zukünftigen Fördergebiete überschaubar; die Neufunde decken die Zunahme des Verbrauches nicht mehr.

In Prognosen der zurückliegenden Jahre wurde sehr stark auf die *Ölsande* und *Ölschiefer* als Substitute für das Erdöl gesetzt. Die Entwicklung der notwendigen Technologien schreitet jedoch nicht so zügig voran wie erwartet. Teilweise hält man wohl auch die Vorräte zurück, um günstigere Preise zu erwarten. Die Gesamt-Öl-Vorräte in den *Ölsanden* betragen 338 mia t. Davon sind 40 mia (= 11,8 %) heute ökonomisch ausbringbar.

Die Ölschiefer besitzen 490 mia t Ölinhalt, davon sind 33,5 mia t (= 6,8 %) heute wirtschaftlich gewinnbar. Schieferöl-Produktion findet gegenwärtig nur in der UdSSR und der VR China statt. – In der Bundesrepublik besitzen einige Ölschiefer-Vorkommen, vor allem das von Schandelah/Braunschweig, dessen Untersuchung im Gange ist, Bedeutung wegen der petrolchemischen Eigenschaften der extrahierbaren Öle und der Begleitstoffe, nicht aber als Energieträger.

Für die *Kernbrennstoffe* ist folgendes festzustellen: Schätzungen für die Lebensdauer der Vorräte des *Urans* und des *Thoriums* erscheinen gegenwärtig nicht sinnvoll, da die Terminologie der Vorratsklassen mit der für die anderen Rohstoffe üblichen nicht genau korrelierbar und die Prospektion noch nicht „dicht" genug ist.

Selbst die Vorratszahlen für *Uran* besitzen eine hohe Schwankungsbreite. Das hat die folgenden Ursachen:

a) Mehrere Uran-Höffigkeitsgebiete sind noch nicht detailliert genug aufgenommen, um die (oft phantastisch anmutenden) Vorratszahlen bestätigen zu können.

b) Ein großer Teil der neueren Prospektionsergebnisse wird aus strategischen oder Konkurrenz-Gründen zurückgehalten.

c) Das Verhältnis Ressourcen : Reserven wird sehr von ökonomischen Randbedingungen bestimmt. So wurden z. B. in Kanada zwei, in den USA vier und bei der internationalen Atombehörde in Wien zwei Kostenklassen in bezug auf die Reserven eingeführt, was dazu verleitete, daraus auf die Betriebskosten der Förderbetriebe zu schließen, ohne aber forward costs etc. zu berücksichtigen.

d) In einigen Lagerstätten, z. B. den Goldlagerstätten Südafrikas, bei der Phosphorsäureherstellung, der Kupferhalden-Laugung oder in Uran-Nickel-Lagerstätten fällt das Uran als Nebenprodukt an; die Inhalte sind aber oft nur aus den Produktionsziffern indirekt zu entnehmen. Auch ist es zur Zeit noch nicht möglich, den wirtschaftlich aus dem Meerwasser gewinnbaren Uranvorrat genau abzuschätzen.

Im einzelnen unterscheidet man bei den Uran-Vorräten nach OECD-IAEA (1978, 1979) folgende Vorratsklassen:

– reasonable resources (~ wahrscheinliche Ressourcen),
– assured resources (~ sichere Ressourcen) (in zwei Preiskategorien, und zwar < 80 US $ und 80–130 US $),
– estimated additional resources (~ geschätzte zusätzliche Ressourcen) (wiederum in den zwei Preisklassen),
– speculative resources (~ vermutete Ressourcen).

Den Reserven z. B. von Erdöl oder Kohle kann man für das Uran wohl nur die reasonable assured resources < 80 US $ gegenüberstellen, denn die Preisklasse 80–130 US $ kann zwar als technisch, aber noch nicht als wirtschaftlich gewinnbar gelten.

OECD & IAEA rechnen danach mit folgenden Uran-Vorräten:

Westländer, sicher nachgewiesene und wirtschaftlich gewinnbare Ressourcen	1,85 mio t =	1,85 mio t Reserven
Westländer, sicher nachgewiesene, technisch gewinnbare Ressourcen	0,74 mio t	
Westländer, wahrscheinliche Ressourcen 80 $	1,48 mio t	
Ressourcen 80–130 $	0,97 mio t	
	3,19	= 3,19 mio t Ressourcen

Hinzu kommen noch spekulative Ressourcen von 9,9–22,1 mio t. Die Schätzung ist aber in der Tat so, daß sie gegenüber allen möglichen Spekulationen offen ist.

Dazu kommen die Vorräte der Ostländer, deren Reserven als ebenso groß geschätzt werden wie die der Westländer, während die Ressourcen etwas kleiner sein dürften.

Bezüglich der *Thorium*-Vorräte gilt nach der letzten OECD-Schätzung folgendes (wenn man die Reserven- und Ressourcen-Umrechnung der beim Uran vorgenommenen angleicht):

Reserven in den Westländern   675 000 t
Ressourcen in den Westländern   3 152 000 t.

Die Umrechnung in SKE wird nach dem (geschätzten) Verhältnis 1 t TH = 20 000 t SKE vorgenommen.

Da gegenwärtig Reaktoren nur kleinmaßstäblich und probeweise betrieben werden, kann man nur schätzen, daß der Nutzungsgrad ähnlich wie bei den Leichtwasserreaktoren ist. Der Verbrauch ist nicht abschätzbar, dementsprechend muß eine Lebensdauer-Kalkulation unterbleiben.

Die Uran-Reserven in der Bundesrepublik betragen lediglich 5000 t; ob diese jemals zugänglich sein werden, steht dahin. Bisher werden die Vorräte als eine Art strategische Reserve unzugänglich gehalten. Die Chancen der Auffindung weiterer Uran-Lagerstätten sind allerdings wesentlich größer als bei den organischen Energie-Rohstoffen.

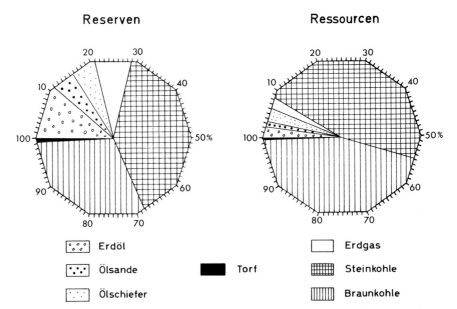

Abb. 5. *Anteil der nicht erneuerbaren Energieträger (außer Kernbrennstoffen) an den Gesamt-Reserven und -Ressourcen*

Bei der Betrachtung der Rolle des *Torfes* in der Energie-Erzeugung wird offenkundig, daß der Torf, der – bezogen auf Steinkohleneinheiten – weniger als 1 % der Welt-Produktion erbringt (Abb. 5), keinen hohen Stellenwert als Energieträger einnimmt. Immerhin ist seine Bedeutung in einigen Ländern, so der Sowjetunion, Finnland und Irland, in dieser Hinsicht überdurchschnittlich. In der Sowjetunion werden gegenwärtig 200 mio t/Jahr an Torf abgebaut. 73 Kraftwerke arbeiten auf Torfbasis, darunter Magnetogorsk mit 732 MW. – Die Gesamt-Stromproduktion mittels Torf beträgt gegenwärtig über 5000 MW.

Wenn man bedenkt, daß in einigen Ländern, bedingt durch die Verstärkung der Rolle des Naturschutzes, die Torfgewinnung ständig zurückgedrängt wird, so erscheint es besonders interessant, die Anstrengungen auf Verstärkung der Torfgewinnung in Ländern wie der Sowjetunion und Kanada zu beobachten. Man muß dabei allerdings die Größe des verfügbaren Naturraumpotentials und die Tatsache in Rechnung setzen, daß in Sibirien jährlich 70 km^2 an Fläche vom rezenten Torfwachstum erobert werden.

Interessant ist es zu wissen, daß auch andere energieträgerreiche Länder erheblich an der Entwicklung und Freisetzung ihrer Torfvorräte für die Verbrennung interessiert sind. So sind in Kanada unlängst Überlegungen angestellt worden, die vor allem im Staate Ontario liegenden, die Hälfte der Gesamtvorräte repräsentierenden Torflagerstätten, die ausreichen würden, Kanada für 100 Jahre mit Energie zu versorgen, für die Deckung von insgesamt 15 % des Energiebedarfs einzusetzen. Ähnlich sind die finnischen Pläne; der hier beabsichtigte Anteil des Torfes, der jetzt 2,4 % beträgt, soll auf 8 % gesteigert werden.

In den europäischen Industrienationen, in Nordamerika, aber auch in einer ständig wachsenden Zahl von Entwicklungsländern (LÜTTIG 1980) ist es aus Gründen der notwendigen Erhöhung der landwirtschaftlichen und gärtnerischen Erträge und zum Zwecke der Ertragssicherung die Hauptaufgabe, die verfügbaren oder noch zu prospektierenden und aufzuschließenden Torfvorräte zur Bodenverbesserung einzusetzen. Daneben tauchen interessante Möglichkeiten auf, den Torf dort, wo er besser als andere Stoffe geeignet ist, in besondere Techniken, wie Torfkoks-Herstellung, Torfvergasung, Balneologie und Pharmazie, zu lenken.

Generell ist an der Endlichkeit der nicht erneuerbaren Energieträger-Vorkommen nicht zu zweifeln.

Die Angebots-Situation der *erneuerbaren Energieträger* ist, abgesehen von der geothermischen Energie *(Erdwärme)*, nicht verläßlich bekannt. Angebot und Nutzbarkeit sind aber relativ gering.

Gegenwärtig produzieren 16 Länder der Erde, an der Spitze die USA, Italien, Neuseeland und Japan, insgesamt 2 141 MW auf der Basis der Erdwärme (HAENEL 1982), daneben wird ein höherer Anteil (ca. 6300–6400 MW) nicht-elektrisch (z. B. in Glashäusern, für Heizsysteme) genutzt. Für die Nutzung kommen bestimmte Anomalien, die auf der Erde leider nicht gleichmäßig verteilt sind, in Frage, vor allem Vulkanitregionen, Aufheizungszonen über in der Kruste steckengebliebene Intrusiva, in Sedimentgesteinsfallen gefangenes erhitztes Grundwasser und heiße trockene Kristallingesteine, in die man kaltes Wasser über Bohrlöcher hineinpreßt, um die Erdwärme vom Gestein zu übernehmen und erhitztes Wasser oder Wasserdampf wieder an die Oberfläche zu befördern (hot dry rock technology).

In der Bundesrepublik sind derartige Erschließungschancen relativ gering; zur Zeit richtet sich das Augenmerk vor allem auf eine bei Urach abgeteufte 3300 m tiefe Versuchsbohrung.

Insgesamt dürften die erneuerbaren Energieträger bis zum Jahre 2000 keinesfalls die 10%-Marke der Bedarfsdeckung erreichen.

Würde man die *Folgerungen für die notwendige Energie-Strategie* der Zukunft stärker als bisher – der Verfasser hält das aus seiner Sicht für dringend notwendig – auf die vom Geopotential bedingte Angebots-Vorgabe stützen, so ergäben sich aus dem oben Gesagten die nachstehenden, in aller Kürze geschilderten Überlegungen:

Erdöl

Die Lagerstättenprospektion hat die Chancen auf den Festländern weitgehend abgesteckt. Die Lücken der Erkundung in den Schelfgebieten und an den Kontinentalrändern sind nicht sehr groß, das Potential ist mithin hinlänglich gut bekannt. Die Exploitation muß und wird technische Schwierigkeiten in klimatisch ungünstig gelegenen Lagerstätten (z. B. Kanada, Sibirien, Nordmeer) in naher Zukunft lösen. Vordringlich ist weiterhin die Erhöhung der Ausbringung durch sekundäre Förderverfahren, desgleichen eine Verbesserung der Lagerhaltung (Salzkavernen). Wichtigstes strategisches Ziel muß jedoch die Umstellung von der geopotentiell nicht länger vertretbaren Verbrennung von Erdöl für die Energieerzeugung auf den Einsatz des kostbaren Rohstoffes in der Petrolchemie sein.

Erdgas

Im wesentlichen gilt für das Erdgas das oben Gesagte, lediglich mit veränderten Grundprämissen, die durch die höhere Lebensdauer und die unterschiedliche Verbrennungswärme bedingt sind.

Steinkohle

Entgegen landläufiger Meinung und auch der Ansicht zahlreicher Bergwissenschaftler ist die Lagerstättenkenntnis für die Steinkohle, vor allem in der Bundesrepublik, noch unbefriedigend. Moderne und intensivere Prospektion könnte die Lebensdauer der Vorräte noch erhöhen. In mehreren Lagerstättengebieten der Erde erscheint der Aufschluß noch unverritzter Lagerstätten und von Teilen solcher sinnvoll, vor allem dort, wo mit vertretbaren Förderkosten gerechnet werden kann. Weltweit gesehen erscheint eine kurzfristige Verstärkung des Einsatzes billig förderbarer Steinkohlen, z. B. aus Südafrika und Australien, logisch besser begründbar als der Einsatz z. T. fetischistisch geförderter und zu hohen Strom-Produktionskosten führender Spezialenergien. Daß es dabei in erster Linie darum geht, Hydrierung, Untertagevergasung, Entschwefelung und andere umweltfreundliche Techniken zu fördern, liegt auf der Hand. Auch müssen die Transportmethoden und die Verteilung der thermoelektrischen Zentralen im Verhältnis zu den Verbrauchern verbessert werden. Steigerung des Wirkungsgrades der Wärmekraftwerke sowie Verbesserung der Verwertung der Rückstände sind dabei wichtige Forschungsaufgaben der Gegenwart.

Braunkohle

Die im Vergleich zu anderen Energieträgern sehr preisgünstigen Strom liefernde Braunkohle ist bezüglich der Angebots-Situation immer noch nicht hinreichend gut erforscht. Es verwundert daher nicht, wenn selbst in gut untersuchten Gebieten der Erde immer noch neue und große Lagerstätten gefunden werden, vor allem im Bereich der jungen Faltengebirge. Strategisch wichtig ist die von der (vor allem deutschen) Industrie konsequent betriebene Verbesserung der Abbaumethoden in großen Teufen und bei ungünstigen Abraum : Kohle-Verhältnissen. Auch der Untertage-Abbau dürfte verbesserungswürdig sein, vielleicht auch im Hinblick auf die Untertage-Vergasung. Neben der Erhöhung des Wirkungsgrades der Wärmekraftwerke sind wichtige Aufgaben die Modernisierung des Energietransportes und die Herabsetzung der Umweltbeeinträchtigungen (Staub, Rauch, Schwefel, Grundwasserabsenkung, Aschehalden, Abwässer). Wie die Steinkohle sollte die Braunkohle später vornehmlich als Chemie-Rohstoff dienen.

Torf

Selbst wenn zum Beispiel in Deutschland vom Torf als Energieträger nicht mehr gesprochen wird, sollte – vor allem im Hinblick auf die exportinteressierte Maschinen-Industrie – nicht übersehen werden, daß der Torf als Brennstoff für Wärmekraftwerke auch noch in naher Zukunft regional (Kraftwerk Bordnamona/Irland, Stromversorgung von Leningrad, Stromversorgungsprojekt Chicago auf Torfgasbasis!) von Bedeutung ist. Auch der Einsatz von Torfkoks für die metallurgische und chemische Industrie dürfte für einige Entwicklungsländer größere Bedeutung bekommen.

Ölsande und Ölschiefer

Versorgungsstrategisch dürften diese Energieträger in naher Zukunft in die Rolle des Erdöls und Erdgases einrücken. Zuvor wird es nötig sein, die Angebots-Situation, u. a. im Hinblick auf die Grenze der Abbauwürdigkeit von Ölschiefer, zu überprüfen und die Tagebautechnik zu verbessern. Notwendig ist auch der Einsatz neuer Aufbereitungsverfahren. Generell wird auch das Schieferöl eher für die Verwendung in der chemischen Industrie als für die Verbrennung freizuhalten sein. Da die Muttergesteine oft auch wichtige Schwermetalle und Uran enthalten, dürfte die Abbauwürdigkeit durch diese Beimengungen mitbestimmt sein. Die Rückstände-Verwertung bedarf wegen der starken Belastung der Umwelt durch die Abfallstoffe hoher technologischer Anstrengungen.

Uran

Durch erhebliche Intensivierung und Beschleunigung der Lagerstätten-Prospektion muß die Lebensdauer der Ressourcen erhöht werden, wenn die Pläne zur Errichtung weiterer Kernspaltungs-Kraftwerke, die in einigen energiearmen Ländern unabdingbar sind, durchgesetzt werden sollen. Die Prospektion muß auch rechtzeitig auf Gesteinskörper geringer Konzentration ausgedehnt werden. Wegen dieser Situation und wegen der Länge des Zeitraumes, der zwischen Auffindung und Aufschließung neuer Lagerstätten heute besteht, muß die bergmännische Vorrichtung methodisch gerafft und die Aufbereitungstechnologie ständig verbessert werden. Notwendig ist vor allem die Lösung der Deponie- und Wiederaufarbeitungsprobleme. Generell sollte die Kernspaltungstechnik als Versorgungs-Zwischenlösung gelten, bis die Technik der schnellen Brüter und die Kernfusion beherrscht wird.

Thorium

Bezüglich der Erforschung des Angebotes gilt das beim Uran Gesagte. Bergmännische Gewinnungs- und Aufbereitungsmethoden bedürfen der Verbesserung, vor allem bei marinen Lagerstätten. Wegen der günstigen Umweltschutz-Umstände bei der Nutzung der Kernfusion ist eine Förderung dieser Energie-Versorgungsvariante dringend erforderlich. Sie wird in der Zukunft vermutlich an erster Stelle stehen.

Geothermik

Da das Energie-Angebot noch nicht annähernd genau erfaßt ist, ist eine Intensivierung der Ressourcen-Forschung dringend erforderlich. Die Zukunft liegt auf dem Sektor der Hot-Dry-Rock-Technologie. Wenn sie beherrscht wird, kann auch der Anteil der Erdwärme an der Energieversorgung der Zukunft erhöht werden. Zu verbessern sind Erschließungs-Technik, Materialbeschaffenheit der Bohrgeräte und Steigrohre, Transport-Systeme für den erschlossenen Dampf, die Zwischenenergieträger-Technik (z. B. durch Einsatz der Wasserstofftechnologie).

Sonnenenergie

Da das Angebot generell bekannt ist, muß lediglich eine Auswahl der infrastrukturell am besten geeigneten Gebiete erfolgen. Zahlreiche technische Unvollkommenheiten (z. B. bezüglich der Absorptionswirkung der Wärmesammler) müssen beseitigt werden. Wegen der Schwierigkeiten, Strom über längere Strecken zu transportieren, muß auch hier die Zwischenenergieträger-Technik verbessert werden. Die Energiespeicherung ist wegen der zeitlichen Beschränkung der Sonnenstunden das technische Hauptproblem. Der Anteil an der zukünftigen Energiebedarfsdeckung wird beschränkt bleiben.

Windenergie

Wegen der räumlichen Verdünnung und Unbeständigkeit des Angebots ist die Auswahl der richtigen Standorte schwierig. Die bisher entworfenen Anlagen sind technisch unpraktisch; eine bessere Dimensionierung ist erforderlich. Auch hier ist die Energiespeicherung das technische Hauptproblem. Der zukünftige Versorgungs-Anteil wird ebenfalls nicht übermäßig hoch sein.

Hydraulische Energien

Die energiestrategische Rolle der Gezeitenkraft wird von den Fachleuten wegen zahlreicher technischer Schwierigkeiten, die nach heutigem Stande der Technik unüberwindbar erscheinen, gering eingeschätzt. Die Zahl der normalen Wasserkraftwerke ist duch die topographische Vorgabe beschränkt. In einigen Entwicklungsländern (vor allem Zentralafrikas und Südamerikas) ist die Wasserkraft, deren weltweites Gesamtpotential noch nicht hinreichend genau bekannt ist, noch sehr ausbaufähig. Das ist sehr wichtig für die Anlage von hydroelektrischen Zentralen, die bei Zunahme des Bergbaues auf Armerze und bei ihrer Verarbeitung gebraucht werden. Depressionskraftwerke (Typ el Qattarah) bergen ebenfalls hohe technische Schwierigkeiten, so daß der zukünftige Versorgungsanteil nicht unbegrenzt steigerungsfähig ist.

Zusammenfassend kann zu den *Energieträgern* folgendes bemerkt werden: Aus der Sicht des Verfassers sind die Chancen des aus Umweltschutz-Gründen günstigen Energie-Angebots der erneuerbaren Energieträger gegenwärtig begrenzt; seine Erhöhung auf ca. 20–30 % der Bedarfsdeckung ist eine energiestrategisch und ingenieurwissenschaftlich wichtige Aufgabe.

Bei den nicht erneuerbaren Energieträgern nähern wir uns dem Ende der Kohlenwasserstoff-Ära, wobei diese durch Ölsand und Ölschiefer etwas verlängerbar ist. Dringend ist Freihaltung dieser Rohstoffe für die chemische Industrie und Ersatz durch die Kohle erforderlich, die später, wenn die Kernfusions- und Hochtemperaturreaktortechnik beherrscht wird, ebenfalls aus ihrer Kraftwerks-Rolle in eine Rohstoff-Funktion rücken sollte.

Nach subjektiver Auffassung können jedoch Kohlenwasserstoffe und Kohle die Last der Bedarfs-Forderungen ohne weiteres so lange tragen, bis die Thorium-Technologie und andere Verfahren völlig beherrscht werden.

Strategisch dringlichste Notwendigkeit ist eine *Verstärkung der Ressourcen-Forschung, die noch keinen genügend weiten Vorsprung vor der Verbrauchs-Technik besitzt. Dieser Fehler der Gegenwart ist die tiefste Ursache der gegenwärtigen Energie-Hysterie.*

b) *Metallische Rohstoffe*

Die Ansichten über Ressourcen und Reserven auf dem Gebiete der metallischen Rohstoffe müssen als besonders kontrovers gelten. Von der einen Gruppe von Experten wurden die Metallerze nämlich als Paradebeispiel für die Verknappungssituation hingestellt, während sich in jüngster Zeit Stimmen erheben, die von Hinzufunden berichten, welche den Verbrauch ständig übertreffen. Man muß, um die Richtigkeit der einen oder der anderen Richtung beurteilen zu können, sich zunächst über eines klar werden, nämlich die Stellung der metallischen Rohstoffe in der Vorrats-Verbrauchs-Kurve im Vergleich zu den Kohlenwasserstoffen. Bei letzteren ist man sich bis auf ein paar Zweckoptimisten (wie ODELL 1980) darüber im klaren, daß das Maximum der Hinzufunde überschritten ist, weshalb die Verbrauchskurve der Vorratskurve davonläuft.

Für die Metallerze gilt zwar auch eine Kurve ähnlichen Typs; man befindet sich gegenwärtig dort aber noch nicht an der gleichen Stelle wie bei den Kohlenwasserstoffen. Es kann aber kein Zweifel bestehen, daß über kurz oder lang eine ähnliche Kurve für die Metallerze, für jedes mit abweichenden Werten, aber gleichartigem Charakter, entworfen werden muß.

Das heißt, daß die Lebensdauern nur relativ unexakt angegeben werden können, daß aber die Größenordnung fest steht. Sicher ist auch, daß selbst bei Hinzufunden die Kosten der Fertigprodukte die heutigen Kosten um Hunderte von Prozenten übertreffen werden. Das hat mit der bereits erwähnten mineralogisch bedingten Treppe (z. B. Sulfide → Oxide → Silikate) zu tun.

Hohe Vorbereitungskosten für schwierige Exploration, erhebliche Aufschließungsprobleme, enorme Investitionskosten, lange Laufzeiten schrecken bereits viele – vor allem deutsche Baufirmen – davon ab, derartige Projekte überhaupt anzufassen. Die Unwägbarkeiten des politischen Risikos, die Last des Kapitaldienstes und die Gefahr plötzlicher Preiseinbrüche, wie wir sie vom Kupfer- und Zink-Markt kennen, haben die Schar der Exploratoren gewaltig schrumpfen lassen; nur internationale Multis vom Typ Rio Tinto und Unternehmen mit einer Organisationsform wie Japan Overseas Exploration, bei der das Risiko weit verteilt wird, sind überhaupt noch in der Lage, die angedeuteten Wagnisse zu übernehmen.

Die Schätzungen der Lebensdauern der metallischen Rohstoffe haben in den letzten Jahren stark geschwankt. Offensichtlich sind erste, sehr skeptische Berechnungen überholt, aber die neuen Zahlen, die von der OECD und der EG publiziert worden sind, sind offensichtlich wiederum zu optimistisch.

Daher sollen an dieser Stelle nur Lebensdauer-Gruppen nebeneinander gestellt werden; der Leser wird unschwer erkennen, daß wir auf alle Fälle die *Grenzen der Reserven* vor uns haben:

a) Metallische Rohstoffe mit Lebensdauern von unter 20 Jahren:
   Zink, Quecksilber, Wismut, Silber
b) 20–40 Jahren:
   Blei, Wolfram, Kupfer, Zinn, Nickel, Molybdän, Gold
c) 40–60 Jahren:
   Platin, Titanium, Kobalt, Tantal

d) 60–100 Jahren:
   Mangan
e) 100–200 Jahren:
   Aluminium, Vanadium, Chrom, Eisen u. a.

Wichtiges Problem ist jedoch die ungünstige geographische Verteilung der metallischen Rohstoffe. Sie ist in den wichtigen Fällen auf nur wenige Länder beschränkt, so bei

Chromit   auf die Republik Südafrika und Rhodesien (96 %),
Vanadium auf die UdSSR, die Republik Südafrika, Australien (94 %),
Mangan   auf die Republik Südafrika, UdSSR, Gabun (84 %)
Wolfram   auf die Volksrepublik China und die USA (79 %),
Molybdän auf die USA, Chile, UdSSR, Kanada, China (97,6 %),
Bauxit   auf Australien, Guinea, Jamaika, Surinam (80 %),
Kobalt   auf Zaire, Neukaledonien, Sambia, Kuba, die UdSSR (90,5 %),
Blei   auf die USA, Kanada, die UdSSR, Australien, Mexiko (77 %),
Nickel   auf Kuba, Neukaledonien, Kanada, die UdSSR, die Philippinen (81,1 %).

Man merke, daß unter diesen metallreichen Ländern nur wenige Entwicklungsländer (Rhodesien, Guinea, Zaire, Kuba, Neukaledonien, Thailand, Chile, Brasilien) genannt werden, daß aber einige davon nur an einer verschwindend geringen Anzahl von Erzmetallen reich sind. Wichtige Metallrohstoffe sind offensichtlich in den Industrienationen gehäuft.

Die deutsche Wirtschaft ist durch die Gegebenheiten bei den metallischen Rohstoffen besonders stark berührt, denn sie ist zu 85 % auf Importe angewiesen. Wir deckten (vgl. LÜTTIG 1971, GABOR u. a. 1977) nur 13 % unseres Eisenerzverbrauches aus eigenen Rohstoffen. Wir sind völlig abhängig von Importen von Mangan, Chrom, Nickel, Vanadium, Molybdän, Wolfram, Titan, Zirkon, Tantal, Niob, Cadmium, Zinn, Quecksilber, Antimon, Wismut, Gold, Platin, Iridium, Palladium, Osmium, Uran, Thorium, Cer und anderen seltenen Erden, Monazit, Aluminium, Rubidium, Beryllium, Diamant, Magnesit, Asbest, Perlit, Vermiculit, Talk, Phosphat, Bor u. a. Nur 44 % des Zinks, 11 % des Bleis, 4 % des Silbers, 20 % des Flußspats, 40 % des Graphits, 45 % der Kieselgur stammen aus eigener Quelle.

Daß die Gegebenheiten durch die Recycling-Möglichkeiten nicht entscheidend geändert, aber doch verbessert werden können, ist bekannt.

c) Nichtmetallische Rohstoffe

Die Gruppe der nichtmetallischen Rohstoffe ist nicht genau definiert. Ihre frühere Bezeichnung als „Steine und Erden" – wegen ihrer zum Teil „erdigen"

Beschaffenheit bzw. der Beteiligung an Elementen der „Seltenen Erden" – sollte der entsprechenden Industrie-Gewerkschaft überlassen bleiben und durch *Industrie-Minerale und -Gesteine* abgelöst werden. Wegen der unterschiedlichen Verwendungszwecke sind einzelne der Industrie-Minerale und -Gesteine sowohl als metallische als auch als nichtmetallische Rohstoffe aufgeführt. So erscheint der Chromit als Träger des Chrom-Metalles bei den metallischen, wegen seiner feuerfesten Eigenschaften aber auch bei den nichtmetallischen Rohstoffen. Das gleiche gilt z. B. für Ilmenit, Rutil, Zirkon. Mehrere Rohstoffe passen wegen ihres technischen Einsatzes durchaus in die Gruppe der Indu-

Tabelle 1: Weltproduktion an nichtmetallischen Rohstoffen 1977

Nichtmetallische Rohstoffe	Welt-Produktion (Mio t)	Geschätzter Verkaufswert (Mia DM/Jahr)
Hart- und Werksteine	6 890	70
Sand und Kies	6 240	60
Zement	614	50
Tone	276	40
Bauxit	72	40
Kalkstein	101	15
Phosphat	106	10
Schwefel	53	8
Asbest	3,5	5
Steinsalz	153	4
Schwerspat	4,2	4
K_2O	23	3
Diamant (32 Mio Karat)		2,5
Bor-Minerale	2,3	1,7
Bentonite + Attapulgit	7	1,4
Magnesit	15	1,2
Kaolin	15	1,2
Chromit	6,7	1,2
Kieselgur	1,6	1,2
Flußspat	4,4	0,8
Gips	56,2	0,6
Talk, Pyrophyllit	4,9	0,4
Ilmenit	3,2	0,2
Rutil	0,4	0,2
Feldspat	2,5	0,1
Zirkon	0,5	0,1
Glimmer	0,2	0,1

strieminerale, sind aber, wie die Lithium-, Natrium-, Barium-, Strontium-Minerale, eigentlich Metall-Rohstoffe. Aber den Lagerstättenkundler und Technologen interessiert nicht das chemische Verhalten des Elementes, zumal da der entsprechende Rohstoff nicht zur Herstellung zum Beispiel des Metalles Lithium oder Natrium verwendet, sondern in einem Industriezweig behandelt wird, der „Steine- und Erden"-Derivate herstellt. Im Grunde sind die Begriffe „nichtmetallische Rohstoffe", „Steine und Erden", „Industrieminerale" allesamt unscharf, und daher sollten sie durch einen besseren Begriff ersetzt werden, nach dem die Rohstoff-Geologen noch suchen sollten.

Diese so unklar umschriebene Gruppe ist auch in wissenschaftlicher und in volkswirtschaftlich-planerischer Hinsicht bisher mit der linken Hand behandelt worden. Da die äquivalenten Rohstoffe von einem Industriezweig gefördert werden, der zum Teil große oberflächennahe Aufschlüsse, zum Teil starke Beeinträchtigungen der Umwelt durch Emission und Lärm verursacht und wegen der zum Teil notwendigen Bewegung größerer Gesteinsmassen als Störelement ins Auge fällt, wird er oft als lästig, unedel, daher wenig förderungswürdig betrachtet. Übersehen wurde leider auch – sogar von den Fachleuten – die wirtschaftliche Bedeutung des Industriezweiges. Es ist aber klar ersichtlich, daß der Verbrauch inzwischen wesentlich höheren Wert besitzt als jener der Metallerze. Das wird besonders aus der Verbrauchsentwicklung in den USA und aus der Zunahmerate von 5,5 % für die Produktion und 5,6 % für den Verbrauch ersichtlich (vgl. SOMMERLATTE 1977). Nur der Weltverbrauch an Brennstoffen ist wesentlich höher. – In der Bundesrepublik beträgt der Wertanteil an der gesamten Rohstoffproduktion bereits 52 % für die Industrieminerale und -Gesteine.

Die Produktionszahlen für die Bundesrepublik und für die Welt (zum Teil ausschließlich des Ostblocks) sind aus Tabelle 1 entnehmbar. Insgesamt gesehen stellen die nichtmetallischen Rohstoffe und die zugehörigen Industrien einen Wirtschaftsfaktor dar, dessen Bedeutung höher ist als jener der Erzmetall-Rohstoffindustrie. Das findet vor allem in der vom Autor gewählten Darstellung durch die *Rohstoffschlange* (Abb. 6, 7) deutlich Ausdruck. Diese Darstellung zeigt nämlich, daß sowohl in der Mengen- als auch in der Wert-Schlange, abgesehen von den Kohlenwasserstoffen, deren Wert durch die überhitzte Konjunktur überproportional erhöht ist, die nichtmetallischen Rohstoffe bessere Plätze behaupten als die metallischen.

Wir halten fest, daß die Industrieminerale und -gesteine eine der wertvollsten und entwicklungsfreudigsten Rohstoffgruppen darstellen. Die Vernachlässigung in der weltwirtschaftlichen Betrachtung geht nun bemerkenswerterweise mit einer völligen Verkennung der Vorratssituation einher. Vielfach herrscht, vornehmlich bei den Massengütern, auch in Abnehmer- und in Pla-

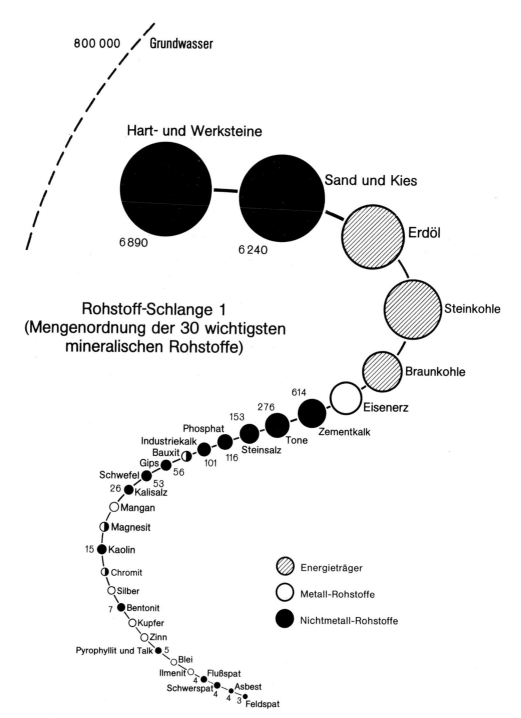

Abb. 6. Rohstoffschlange 1: Rangfolge der auf der Erde gewonnenen 30 wichtigsten Rohstoffe nach ihrer Menge (in Mia t) im Jahr 1977. Schemenhaft angedeutet ist links oben außerdem die gewonnene Grundwassermenge

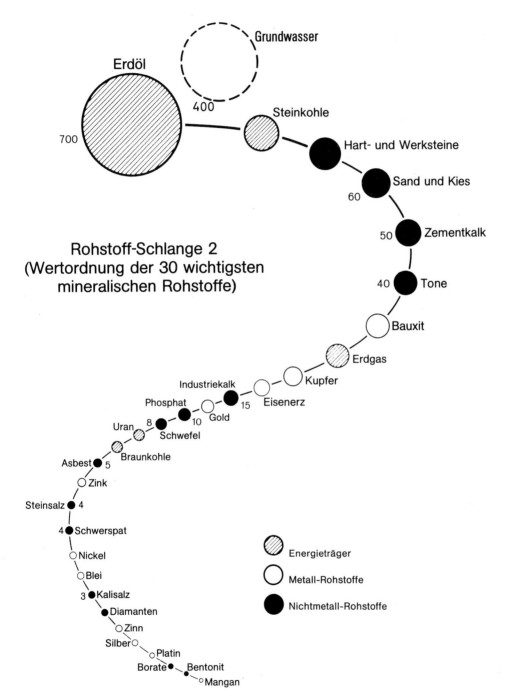

Abb. 7. Rohstoffschlange 2: Rangfolge der auf der Welt geförderten 30 wichtigsten Rohstoffe im Jahr 1977, nach dem Produktionswert in Mia DM geordnet. Eingefügt ist das Grundwasser

nungskreisen, die Ansicht, die Vorräte seien unbegrenzt, die Versorgung unproblematisch, die Lebensdauer besonders hoch. Das stimmt nur in bezug auf einige Rohstoffe und für manche Gebiete. Wegen der Transportpreisempfindlichkeit der Massengüter ist die Entfernung zwischen Förderstätte und Abnehmer durch oft scharfe Preisgrenzen markiert. In einigen der Absatzgebiete, z. B. für Baustoffe, ist auch bei Massengütern eine klare Begrenztheit der Vorräte zu konstatieren. Erst recht gilt das für Spezialrohstoffe, in der Bundesrepublik besonders deutlich für Rohstoffe der feuerfesten und keramischen Industrie. Die Zahlen für die semidynamische Lebensdauer (vgl. LÜTTIG 1976b, 1977a) zeigen nämlich eine ähnliche Größenordnung wie für die meisten metallischen Rohstoffe.

Daß die Beschränktheit der Lebensdauer nicht allein auf durch die Geologie bedingte Grenzen zurückgeht – zum Beispiel für Basalt (Niedersachsen), Zementkalk (Schleswig-Holstein), Kies (Nordseeküste), Gangquarz und Graphit (Bayerischer Wald) –, sondern auch durch verminderte Zugänglichkeit bestimmt ist, wurde bereits eingangs bemerkt.

Hinzugefügt werden kann, daß die nichtmetallischen Rohstoffe, auch in bezug auf das Ausfall-Risiko, für die Versorgung der Bundesrepublik einen bemerkenswerten Platz einnehmen (nach der Ausfallrisiko-Studie der BGR, des DIW und des IETE 1977; BENDER 1978). Obwohl die Auswahl der untersuchten Rohstoffe – sie betraf nur 31 – sicherlich nicht repräsentativ für die Industrie-Minerale und -Gesteine ist, ist doch beachtlich, daß von den vier in der als am meisten gefährdeten Gruppe aufgeführten Rohstoffen drei nichtmetallische sind (Rutil, Asbest, Glimmer in Platten).

Und auch in der Gruppe der nächst geringeren Gefährdung sind mit Zirkon und Flußspat zwei Industrieminerale angeführt, deren wirtschaftliche Bedeutung nicht gering geschätzt werden darf.

d) Andere geogene Gegebenheiten

Einer der wichtigsten Rohstoffe – und man sollte ihn wirklich nur ausnahmsweise als Transportmittel betrachten – ist das *Grundwasser*. In der Rohstoffschlange steht dieser Bodenschatz, den üblichen mineralischen Rohstoffen hinzugefügt, wertmäßig noch vor dem Erdöl (~ 300 Mia DM/Jahr).

Auch die Produktionskapazität der *Böden* ist nicht zu vernachlässigen; sie abzuschätzen, ist kaum möglich. Und schließlich ist eine wichtige geogene Gegebenheit, die Möglichkeit zur *Deponie*, nicht zu übersehen, ebensowenig die *Baugrund*-Teile des Geopotentials, die in ihrem Wert schwer abzuschätzen sind. Daß diese Kategorien nicht unbegrenzt zur Verfügung stehen, ist allbekannt, historisch belegt, sind doch sogar kriegerische Auseinandersetzungen um fruchtbares Land, quellreiche Regionen und andere Vorteile des Naturraums leider keine Angelegenheit der Vor- und Frühgeschichte. Und daß der Dritte Weltkrieg, die Auseinandersetzung um das Geopotential, seine Besetzung, Verteidigung, Verteilung, bereits im Gange ist, und zwar mit dem Instrumentarium von Handel und Wirtschaft, sollte doch allmählich klar werden.

Die Rohstoffländer sind im Begriffe, ihr Potential einzusetzen; der verzweifelte Versuch der rohstoffarmen Länder – Beispiel Japan – über die Beherrschung von Elektronik usw. die Rohstoffländer zu manipulieren, sollte nicht vertuschen, daß daneben direkter Zugriff zu den Rohstoffquellen geschieht. Überall in der Welt, wo neue Lagerstätten gefunden werden, sind die Prospektoren, Geologen, Bergingenieure dieser fleißigen Nation zu finden, und daß wir, die wir zu 85 % unserer Versorgung mit mineralischen Rohstoffen auf Importe angewiesen sind, nicht schon längst ähnlich gehandelt haben, ist nur unserer teutonischen Überheblichkeit zuzuschreiben.

4. Beurteilung des Geopotentials, mit besonderer Berücksichtigung der Entwicklungsländer

Von einigen Zeitgenossen, vor allem solchen aus den eigenen Reihen, wird zu kritischen Schilderungen der Rohstoffsituation gewöhnlich ungläubige Gegenkritik geäußert, etwa in der Weise, daß man sagt
- „Diese Einschätzungen können doch angesichts der vielen Neufunde nicht richtig sein.
- Es gibt doch noch viele unerforschte Teile der Erde, vor allem die Schelfmeere, Tiefseeböden, in welchen noch beträchtliche Rohstoffressourcen liegen!
- Man muß doch nur das Geopotential der Entwicklungsländer entwickeln, und schon ist man die Probleme los!"

Diese Einschätzung, vor allem wenn sie von Geowissenschaftlern vorgebracht wird, enthält zwar ein Körnchen Wahrheit, ist aber insgesamt zu optimistisch. Selbstverständlich ist der Erforschungsstand der einzelnen Kontinente unterschiedlich, aber bereits die Geognosie, das heißt die von der geologischen Karte herrührende Kenntnis lehrt uns, daß wir in bestimmten Krustenteilen keine oder nur bestimmte Rohstoffe erwarten können, selbst wenn die Erforschung sich zunächst auf die geologische Kartierung beschränkt und detaillierte Lagerstättenuntersuchungen noch fehlen.

Wo die geologische Karte – ihre Richtigkeit vorausgesetzt – kristalline Schiefer oder Magmatite angibt, braucht man nicht nach Kohlenwasserstoffen zu bohren, und in einem Moränengebiet hat es keinen Zweck, nach bestimmten Erzlagerstätten zu suchen. Das heißt, daß der aus der Karte feststellbare geologische Bau das Geopotential, das heißt die potentiell in der Kruste enthaltenen nutzbaren Gegebenheiten, relativ gut abschätzen läßt. Da das so ist, sollte im übrigen die Geognosie auch von den angewandt-geologisch tätigen Institutionen und Firmen hochgehalten werden; geologische Kartierung ist die Basis aller geologischen Zweckforschung, und die Unternehmen, die heute noch Rohstoff- oder Bergbau-Projekte in Angriff nehmen, ohne eine geologische Karte zu besitzen oder herstellen zu lassen – Beispiele dafür kann jeder Geowissenschaftler, der in der Welt herumkommt, massenhaft aufzählen –, sollte man bei den automatisch entstehenden Mißerfolgen nicht bedauern.

Gehen wir die einzelnen für die Versorgung der Menschheit wichtigen Teile des Geopotentials durch, so können wir feststellen, daß vor allem die potentiellen Kohlenwasserstoffgebiete so gut wie alle bekannt sind. Selbst angesichts der technischen Zugänglichkeit von großen Teilen der Schelfmeere und möglicherweise des Kontinentalrandes ist klar, daß die Exploration in den Meeresgebieten nicht größere Chancen als die Suche in der Nähe der bekannten Erdölhöffigkeitsgebiete auf den Kontinenten hat. Die größten Chancen für Erdgas und Erdöl liegen nun einmal im Nahen Osten; darüber sollten uns auch die Funde in der Nordsee, im Nordatlantik, in der nordamerikanischen Arktis, in Sibirien und die Möglichkeiten in der Barentssee nicht hinwegtäuschen.

Während das Potential an Ölschiefern und Ölsanden sowie an Steinkohlenlagerstätten annähernd umrissen ist, sind die Chancen der Auffindung von weiteren Braunkohlen-Lagerstätten noch gut. Hier zeigt sich, daß wohldurchdachte Prospektionsmethoden (LÜTTIG 1968a, ALPAN u. LÜTTIG 1971), vor allem in den alpidisch geformten Gebirgen, durchaus noch Erfolge bringen können. Die Neufunde Megalopolis/Griechenland, Philippi/Ostmazedonien, Elbistan/Türkei (LÜTTIG 1979, MELIDONIS 1981), Meirama und Puente de Garcia Rodriguez/Spanisch-Galizien, in Jugoslawien und Rumänien sind dafür Beleg. Auch die in Botswana und Australien in anderer genetischer Position gefundenen Lagerstätten sollten die Industrie dazu bewegen, systematisch die in Frage kommenden Regionen der Erde zu untersuchen. Daß die (angesichts der hohen Förderkosten der deutschen Steinkohlen und der auf technischen Zwängen beruhenden Begrenztheit der an und für sich lagerstättenkundlich favorisierten Braunkohlenindustrie) eines Tages zu Kohleimporten gezwungene deutsche Volkswirtschaft sich an diesen Prospektionen beteiligen sollte, auch da sie auf Maschinenexporte angewiesen und führend in der Tagebaugeräte-Herstellung und im Kraftwerksbau ist, liegt auf der Hand. Trotzdem befinden sich Bundesregierung wie Industrie auf diesem Gebiet noch in einem zweifellos auf die Dauer ungesunden Tiefschlaf.

Ein Beispiel für ungenügend erforschtes Geopotential ist das Thema Torflagerstätten. Obwohl es sich um einen oberflächennahen Rohstoff handelt, von dem man gute Zugänglichkeit und hohe Erforschungsdichte annehmen sollte, ist der Gesamtinhalt der Lagerstätten unbekannt. Die Schätzungen liegen bei 210 Mia t; davon liegen allein 126 Mia t in der Sowjetunion. Erst neulich wurden wenigstens die Fläche der Torfgebiete annähernd genau erfassende Schätzungen von KIVINEN (1980) vorgelegt, aber der Inhalt dieser Flächen ist nur ungenau bekannt. Daß es sich beim Torf, der zwar im Gesamtangebot der fossilen organischen Energieträger weniger als 1 % erreicht, nicht um eine zu vernachlässigende Größe handelt, daß er vielmehr gebietsweise durchaus Beachtung verdient, zeigt die Energieversorgung von Finnland, von der der Torf einen beachtlichen Teil übernimmt. Auch die an Erdöl und Kohle reiche Sowjetunion greift auf Torf als Brennstoff zurück und besitzt mit der Station Magnetogorsk und anderen Werken beachtliche thermoelektrische Kapazität auf der Basis von Torf.

Das Geopotential an nichtmetallischen Rohstoffen ist wegen der Vernachlässigung dieser Rohstoffgruppe in Forschung und Statistik und wegen der (falschen) Annahme, es handele sich dabei um eine Gruppe von in großen Mengen vorhandenen Rohstoffen (von einzelnen Spezialmineralen und -gesteinen abgesehen), nicht genau bekannt. Daß hingegen die Ressourcen an metallischen Rohstoffen gut abschätzbar sind, zeigen Studien, wie sie die BGR Metall für Metall durchführt. So konnten CISSARZ et aliae (1971, 1972, 1973) am Beispiel des Blei, Kupfer, Aluminium und anderer Metallrohstoffe zeigen, wie eng das Geopotential an die geognostischen Gegebenheiten gebunden ist und daß nicht damit zu rechnen ist, daß die bisherige Forschung größere Lagerstättenprovinzen übersehen hat.

Auch die Ressourcen an *Grundwasser* kann man – in gebietsweise unterschiedlicher Genauigkeit – einigermaßen verläßlich abschätzen. Es gibt Länder, in denen das Grundwasserdargebot sehr gut beschrieben ist; für andere liegen keine genau verläßlichen Zahlen vor, übrigens auch für die Bundesrepublik nicht. Immerhin läßt der den Hydrogeologen und Geologen bekannte Tatsachenbestand die Größenordnung erkennen und die Folgerung ziehen, daß der Entwicklung weiter Regionen der Erde vom Grundwasserdargebot her Begrenzungen auferlegt sind und man, will man hier bewässern oder starken Trink- und Industriewasserbedarf befriedigen, nach anderem Geopotential sehen muß. Angesichts des Anstiegs des Energiebedarfs, vor allem in Ländern, die hohen Energieaufwand erfordernde Verhüttungsanlagen für Armerze errichten wollen, ist es erstaunlich, auf der anderen Seite festzustellen, daß das Talsperrenpotential in mehreren, vor allem tropischen Ländern entweder nicht genau bekannt ist oder nur zu einem sehr kleinen Teil ausgenutzt wird.

Das durch die *Böden* bedingte land- und forstwirtschaftliche Ertragspotential der Erde als Teil des Geopotentials genau beschreiben zu wollen hieße, einen Versuch am untauglichen Objekt zu unternehmen. Die Kenntnisse für eine solche Abschätzung sind noch zu lückenhaft, selbst wenn wir für einige Regionen hervorragende Bodenkarten und gute Ertragsschätzungen besitzen.

Deponie-Möglichkeiten sollte man bei der Erfassung des Geopotentials nicht übersehen. Selbst wenn die Forschung auf diesem Gebiet am Anfang steht, sollte doch der bemerkenswerte Beitrag, den die Geowissenschaften auf diesem Felde geliefert haben, nicht übersehen werden. Erinnert werden darf daran, daß die Kavernen zur Bevorratung oder Lagerung mit Massengütern (wie Rohöl, Erd- und Stadtgas, Luft) Erfindungen von Geologen sind, daß die Endlagerung radioaktiver Endstoffe in Salzkavernen, Granit- oder Ton-Hohlräumen trotz aller Einsprüche von Teilen der Öffentlichkeit eine brauchbare Lösung darstellt und daß erst, seit Geologen sich dieser Sache mit streng wissenschaftlichen Maßstäben angenommen haben, auch die Lagerung von Haus- und Industrie-Müll an sicherer Stelle geschieht. Das Geopotential an diesen für die Wirtschaft unerläßlichen Gegebenheiten ist zwar beträchtlich, aber nicht unbeschränkt. Selbst Länder wie die Bundesrepublik, die reich an Salzstöcken sind, können nicht alle solche Strukturen für Deponie-Zwecke vorsehen, da es an dieselben auch andere Ansprüche als die der Deponie gibt.

Eingangs wurde erwähnt, daß viele Laien, selbst Fachleute, in der Frage nach steigerbarem oder freisetzbarem Rohstoffpotential auf die *Entwicklungsländer* schauen in der Meinung, im Begriff Entwicklungsland stecke die selbstverständliche Prämisse, das betreffende Land sei entwicklungsfähig. Es würde schon entwickelt werden können, meinen viele überhebliche Vertreter von Industrieländern, ginge man mit überlegener Technik und dem unerschöpflichen Verstand eines gebildeten Europäers, Amerikaners oder auch Sowjetrussen an die Probleme dieser Region, die doch nur wegen der Unfähigkeit der Autochthonen unterentwickelt sei, heran.

In einer solchen Unterstellung steckt jedoch nicht nur Überheblichkeit, Mangel an Verständnis für Geschichte, Sozialstruktur, ökonomische Gegebenheiten des betreffenden Landes, sondern eine völlige Fehleinschätzung des Geopotentials. Wie Verfasser in einer das Geopotential der Entwicklungsländer ausführlicher behandelnden Studie zeigen konnte, gilt hingegen folgendes (LÜTTIG 1978a):

1. Das Geopotential der Entwicklungsländer in bezug auf metallische Rohstoffe ist, generell gesehen, geringer, als man allgemein annimmt. Nur einzelne Länder besitzen ein hohes Ressourcen-Potential, aber meist nur für ein oder zwei Rohstoffe. Von diesen „Mineral-Monokulturen" zu leben, ist in mehrfacher Hinsicht bedenklich.

2. Die nichtmetallischen Rohstoffe sind auch in den Entwicklungsländern, generell gesehen, unterentwickelt. Hier liegen entscheidende Möglichkeiten, auch deshalb, weil die betreffenden Rohstoffe oft im Lande selbst gebraucht werden und weil mit den entsprechenden Industrien die Wirtschaft angekurbelt werden kann. Daher sollte die Exploration auf diese Rohstoffe dringend verstärkt werden.
3. Die nicht erneuerbaren Energieträger (Kohle, Erdöl, Erdgas) sind gebietsmäßig stark konzentriert. Einige Länder sind deshalb aus der Reihe der LLDCs (least developed countries, UN-Bezeichnung für die ärmsten Entwicklungsländer) ausgeschert und in die Reihe der Neureichen (vor allem der Erdölländer) übergegangen.
4. Bei den erneuerbaren Ressourcen, vor allem der geothermischen und der Hydroenergie, besitzen die Entwicklungsländer hingegen zum Teil gute Chancen; diese Möglichkeiten sollte man systematisch untersuchen und ausbauen.
5. Dringendste Aufgabe ist die Entwicklung und die Verhinderung der Vergeudung von Boden- und Grundwasser-Potential; denn Hebung der Land- und Forstwirtschaft der Entwicklungsländer ist dringlicher als die Erfüllung selbstsüchtiger Industrialisierungswünsche.

5. Konsequenzen für die Wirtschaft

In dem folgenden Kapitel muß sich der Autor auf die Verhältnisse in der Bundesrepublik beziehen. Was die Konsequenzen für die Wirtschaft anbelangt, so kann nur streiflichthaft einiges an Bemerkungen angebracht werden. Bei der Diskussion um die Rolle der Wirtschaft (vor allem des hierzu angesprochenen Bergbaus im weiteren Sinn) bei der Hinausschiebung der Geopotential-Barrieren begegnet man in Wirtschaftskreisen, abgesehen von den Firmen, die an der Erhöhung der Rohölpreise einstmals verdient haben, einer bemerkenswerten Ängstlichkeit. Das ist von der durch die öffentliche Diskussion hart getroffenen mittelständischen Wirtschaft, zum Beispiel auf dem Sektor „Steine und Erden", nicht anders zu erwarten. Wer die Nöte kennt, die heute zum Beispiel eine Kiesfirma erwartet, die eine neue Grube aufmachen will, dabei bereits in der Planung behindert wird, und zwar vor allem durch die staatlichen Stellen, wird dafür Verständnis haben. Von den größeren Firmen, die wohl kaum wehrlos den Ansprüchen von Naturschutz- und Wasserwirtschafts-Behörden sowie allerlei Verbänden und Bürgerinitiativen gegenüberstehen, sollte man eigentlich mehr „standing" erwarten. Allein, hier fehlt trotz vorhandener Lobbies und guter Argumente oft die Geschicklichkeit der Artikulation; denn die Versuche, dem Bürger durch Zeitungsannoncen klar zu machen, was das Bohren auf

Erdöl im Schelf bedeutet, kann man doch wohl nur als kindlich (wenngleich steuerwirksam) bezeichnen. Das Problem liegt weitgehend an einem Lobby-Mangel im Bundestag. Da ist zum Beispiel von einer Veranstaltung eines Bundesverbandes, zu dem Bundestagsabgeordnete eingeladen waren, zu berichten. Es kamen weniger als 5 Abgeordnete. Man muß sich fragen, warum die deutsche Wirtschaft, deren Wohl und Wehe von der Rohstoffversorgung abhängt, es nicht fertigbringt, den unzweifelhaft geringen Stellenwert in der wirtschaftspolitischen Diskussion durch offensive Einschaltung zu verbessern. Warum hat sie es nicht vermocht, in jeder der Fraktionen eine genügend große Anzahl von „Sprechern" unterzubringen? Warum verwendet sie Gewinne für steuerabzugsfähige sogenannte Kunstobjekte, wie jenes unsinnige, der „senkrechte Kilometer" genannte Machwerk auf dem Friedrichsplatz in Kassel, anstatt Stipendien für 100 Futuro- und Politologen, denen die Probleme der Rohstoff- und Energiewirtschaft klargemacht worden sind, oder noch besser für 200 Geologiestudenten zu übernehmen, die so ausgebildet werden könnten, daß sie eines Tages die uns auf den Nägeln brennenden Probleme dem Bürger klarmachen und in den Entscheidungsgremien vertreten können?

Das ist *ein* Punkt. Man kann dazu entgegnen, man habe angesichts der geringen Absicherung des Risikos, welches die Bergwirtschaft für die Gesamtwirtschaft jahrelang übernommen hat und heute noch tragen muß, die Lust an offensiver Haltung verloren. In der Tat ist es bedrückend, überall in der Welt die mangelhafte politische Absicherung des deutschen Bergbaus zu beobachten. Da die Projekte immer kostspieliger werden, da sie bei Kohlenwasserstoff- und Erzprospektionen Zeiträume von 10 Jahren vom Fund der Lagerstätte bis zur Inbetriebnahme des Verarbeitungswerkes immer häufiger überschreiten, da die Fälle, in denen in dieser Zeit die politischen Verhältnisse im betreffenden Land umgekippt sind bzw. in scheinbar politisch stabilen Ländern unerwartete Hindernisse (konzessionsjuristischer, kartellrechtlicher, währungspolitischer, sozialer, organisatorischer etc. Art) auftreten, geht vielen Firmen, selbst denen, die wir Kleineuropäer als groß ansehen, inzwischen „die Puste aus". Die nach dem Prinzip der freien Marktwirtschaft vom Bund vorgesehenen Fördermaßnahmen sind zwar eine verdienstvolle, aber nicht ausreichende Einrichtung; jedoch bedenklich ist die Auslegung des Begriffes „politisches Risiko" durch HERMES und andere Versicherungen, und jedermann, der sich schon einmal in Nordafrika, im Nahen Osten oder Lateinamerika mit dem Versuch der Abdekkung dieses Risikos befaßt und die Unentschlossenheit oder die zum Teil unverständliche Haltung gegenüber neuen politischen Gruppierungen in diesen Regionen erlebt hat, läßt dann lieber die Hände von einem neuen Projekt.

Nun ist es nicht nötig, in solchen Fällen stets auf den Staat, den man sonst gern beschimpft, zu schauen; es gibt andere Modelle. Ein solches ist die bereits genannte Organisation „Japan Overseas Exploration". Um seine Arbeitsweise besser einschätzen zu können, soll an einem Beispiel erläutert werden, wie Metallerze zum Verbraucher gelangen. Beispielhaft kann das Kupfer erwähnt werden. Kupfer wird in die Bundesrepublik hinein entweder eingekauft, das heißt die verbrauchenden Unternehmen verhalten sich wie Händler: Entsprechend den Preisen auf der Londoner Metallbörse kaufen sie das Kupfer von Importeuren, deren Preise vom Weltmarkt reguliert werden. Tritt einmal ein Engpaß ein, dann müssen diese Einkäufer höhere Preise zahlen oder – wie im Falle der sog. Erdölkrise – auf den „grauen Markt" gehen. Eine andere Möglichkeit ist, von deutschen Bergbaufirmen, die selbst Gruben besitzen, zu beziehen. Im Falle des Kupfers ist diese Möglichkeit sehr schwach; inländisches Kupfer dürfte kaum noch angeboten werden, und die zwei bis drei deutschen Unternehmen, die hierfür infrage kommen, besitzen allenfalls kleine Beteiligungen an Gruben im Ausland, sind also ohne starken Einfluß auf den Kupfermarkt.

Nach dem Ergebnis einer Studie über den Fluß des Kupfers auf dem Markte geht das Kupfer von den Bergbaufirmen oder Händlern an nahezu 100 größere Abnehmer. Unter diesen spielen Kaufhaus-Gruppen – das ist das Überraschende – eine große Rolle neben den Metallverarbeitern. Für viele Großabnehmer ist jedoch der Einkauf eine Angelegenheit, die nach reinen Handelsgesichtspunkten und keinesfalls rohstoffwirtschaftlich gesehen wird; ist der Preis niedrig, ist die Gewinnspanne am Kupfer höher, ist er höher, wälzt man ihn an den Verbraucher ab. In der Frage der *Sicherung der Versorgung* der Bundesrepublik mit diesem mineralischen Rohstoff denkt der Endabnehmer *nicht* mit. An der Risikoabdeckung ist er nicht beteiligt. Das ist Sache der Bergbaufirma, die (siehe oben) im Ausland alle Schwierigkeiten, alles Risiko – da mangelhaft abgesichert – selbst tragen muß. Würde sie im Inland eine Lagerstätte finden und einen Bergbau eröffnen wollen, würde sie dort von einigen Bürgern auch noch deswegen angegriffen werden, weil die Grube gegen das Umweltbewußtsein verstößt.

Anders geht man bei „Japan Overseas Exploration" vor. Hier sind an der Firma die Bergbauunternehmen, der Staat, die Banken und die Großverbraucher direkt beteiligt. Das heißt, das Risiko wird auf mehrere Schultern verteilt, weltwirtschaftliche Einbrüche werden von allen getragen.

Warum diese stabilere Konstruktion, die im übrigen den Verantwortlichen bestens bekannt ist, sich in Deutschland nicht einführen läßt, scheint wiederum eine Folge teutonischer Saturiertheit zu sein – zumal es gerade jene Verantwortlichen waren, die über die japanischen Besetzungen von Lagerstätten (welche von deutschen Geologen gefunden wurden) die Zähne knirschten.

Den Fall des Kupfers hält allerdings der Verfasser – das muß klargestellt werden – nicht für ein gutes Beispiel, um die Dringlichkeit der Gründung einer

„Deutschen Überseebergbau GmbH" darzutun, und zwar wegen der Kompliziertheit des gegenwärtigen Kupfer-Rohstoffmarktes. Überhaupt scheint der Metallerzbergbau gegenwärtig ein für die deutschen Bergbaubetriebe – von Ausnahmen abgesehen – ungeeignetes Feld für großes Engagement im Ausland zu sein.

Anders ist das bei zahlreichen nichtmetallischen Rohstoffen. Hier könnte vor allem der deutsche Maschinen- und Anlagenbau stärker tätig werden. Die Investitionskosten in den meisten Spezialbranchen sind hier nämlich wesentlich geringer, der cash flow ist rascher, die betreffenden Objekte kommen vor allem Entwicklungsländern besser zugute als Erz-Großprojekte. Die DEG (Deutsche Finanzierungsgesellschaft für Beteiligungen in Entwicklungsländern GmbH, Köln), die eine zu geringe Zahl deutscher Bergbauprojekte in ihrer Firmenpolitik beklagt, sollte hier deutschen Mittel- und Kleinunternehmen Mut machen; auch könnten manche oberflächennahe Eingriffe, die in der Bundesrepublik dem Umweltfreund Ärger bereiten, unterbleiben.

Um die Diskussion einiger Folgerungen für die deutsche Wirtschaft abzuschließen, sollten noch – und die Stadt, an der dieser Vortrag gehalten wird, scheint dafür die richtige Stelle zu sein – ein paar Worte über die Strategie jener Unternehmen gesagt werden, die Energieträger verwerten oder für ihre Verwertung Anlagen bauen. Hier sagen doch sowohl die Logik der Lebensdauerstatistik und die Logik der Gestehungskosten in Kraftwerken (diese werden allerdings oft auf mehr oder minder undurchsichtige Weise gerechnet) als auch die Kostenentwicklung auf dem Sektor der Kohlenwasserstoffe, daß folgende Gegebenheiten bzw. Umstände zu einem Abgehen von festgefahrenen Denkmodellen führen sollten:

- der Mangel an eigenen Uranlagerstätten und die dadurch bedingte Abhängigkeit von Importen,
- die noch ungelöste Thorium-Reaktor-Technik,
- die hohen Förderkosten für die deutsche Steinkohle,
- die starke, mit Verteilungsproblemen verbundene Konzentration der an sich sehr kostengünstigen Braunkohle auf das Niederrheingebiet,
- die noch ungelöste Technik der Kohleverflüssigung oder -vergasung,
- die in der Tektonik der Steinkohlenreviere und der Art des Deckgebirges begründete Schwierigkeit der Untertagevergasung,
- das Auslaufen der eigenen Erdölvorräte (trotz tertiärer Fördermaßnahmen) und die Schwierigkeiten des Bezugs von Nordseeöl,
- die zwar noch bemerkenswerte, aber ebenfalls auslaufende eigene Erdgasförderung und daher wachsende Abhängigkeit von russischem, niederländischem und evtl. Nordseegas.

Der Verfasser will damit sagen, daß folgendes nötig ist:
- Die Kernkraftwerkproduzenten, die seit Jahren keine Aufträge mehr bekommen – aus welchen Gründen auch immer –, sollten sich strategisch darauf einstellen, daß sie (außerdem) noch Wasser-, Kohle-, Ölschiefer- etc. -Kraftwerke bauen könnten.
- Die für ihre Kraftwerke Steinkohle beziehenden Unternehmen sollten sich um eine Verstärkung der Importe bemühen, denn australische Kohle wird nun einmal nicht für 120 DM/t sondern für 8 DM/t gefördert und solche in Botswana für 6 DM/t.
- Die Braunkohle gewinnenden und verstromenden Unternehmen sollten sich bemühen, ihre Verstromung nicht am Tagebau, sondern (z. B. nach Verpipen der Kohle) im Verbrauchsgebiet vorzunehmen.
- *Alle aber* sollten – (besser: hätten längst sollen) – sich nach Beteiligungen an überseeischen Lagerstätten an Uran, Thorium, Steinkohle, Braunkohle, Ölschiefern, Ölsanden, geothermischen Anomalien bemühen oder entsprechende Lagerstätten besetzen. Sie sollten sich der Hilfe der Geologen bedienen, die ihnen Lagerstätten nachweisen können, systematisch Land für Land nach seinem Geopotential durchkämmen, eine Strategie entwickeln, aussortieren, wo noch Geopotential zu besetzen ist und wo nicht.

6. Folgerungen für die Ausbildungs- und Forschungsstrategie

Zum Thema „Forschung und Ausbildung" ist bereits mehrfach geäußert worden, daß die Geowissenschaftler durch entsprechende Umorientierung (wenigstens) von (Teilen der) Lehre und Forschung auf die geschilderte, vom Autor und anderen für beängstigend gehaltene Situation eingestellt werden sollten.

Wenn wir davon ausgehen, daß die Aufgabe der Daseinsvorsorge oder, wie es auch heißt, die Verbesserung der Lebensqualität oder die Erfüllung der Grundbedürfnisse der rasch wachsenden Menschheit darin bestehen soll, der Entwicklung entgegenstehende Zwänge, wie Rohstoff-Beschränktheit, Energieträger-Verknappung, Produktionsfluktuation, örtliche Mängel an Nahrungsmitteln und Grundwasservorräten, verminderte Zugänglichkeit oberflächennaher mineralischer Rohstoffe, Mangel an Deponiemöglichkeiten, zu beseitigen, müssen wir gleichzeitig die Erkenntnis deutlich machen, daß diese Mängel großenteils auf geogenen Zwängen beruhen.

Der geowissenschaftliche Teil des Naturraumpotentials, das *Geopotential*, unterliegt der Beurteilung des *Geowissenschaftlers* (im weiteren Sinn). Nur dieser ist in der Lage, Geopotential sachkundig zu orten sowie in seiner räumlichen

Ausdehnung und Lagerungsform kartographisch zu beschreiben und qualitativ zu begutachten. In bezug auf die Verwendungsmöglichkeiten des Geopotentials ist er im Vorfeld anderer Fachleute der erste vor Ort Tätige. Die Suche und Auffindung neuen Geopotentials, die Erweiterung vorhandener Vorräte ist *sein ureigenstes* Aufgabengebiet.

Es ist daher notwendig, daß sich Geologen und verwandte Forscher stärker als bisher gegenüber der Öffentlichkeit artikulieren und die geogenen Tatsachen und Zwänge dem Bürger deutlicher als bisher verständlich machen. Geologen müssen sich verstärkt in die planerische Ordnung des Naturraumes einschalten, indem sie der Raumordnung klarmachen, daß Bodenschätze Teil der Umwelt des Menschen sind und, da sie stellenweise verknappen, ebenso sorgfältiger Beachtung bedürfen wie aussterbende Tier- und Pflanzenarten. Da sie außerdem oft streng ortsgebunden und unverrückbar sind, muß die Planung gegebenenfalls um sie herum erfolgen. Außerdem ist notwendig, in Lehre und Forschung den Aufwand, der für die Behandlung der einzelnen Rohstoff-Gruppen notwendig ist, auf das richtige Maß einzupendeln, damit nicht am Bedarf vorbeigelehrt und -geforscht wird.

Dazu ist ein Überdenken der Forschungsstrategie notwendig. Im Bereich der Geowissenschaften in der Bundesrepublik Deutschland ist diese Strategie nach Meinung des Autors verbesserungsbedürftig. Vor allem die oberflächennahen nichtmetallischen Rohstoffe bedürfen verstärkter Betrachtung (LÜTTIG 1979).

Im Falle der Lagerstätten, deren Verknappung nur teilweise auf geogene Umstände zurückgeht, vielmehr im wesentlichen durch Verminderung der Verfügbarkeit bedingt ist, muß sich der Geologe einschalten. Es muß überprüft werden, ob andere Ansprüche als die von Land-, Forst- und Gartenbau-Wirtschaft, Wasserwirtschaft sowie Verkehrswegebau auch aus geowissenschaftlicher Sicht unbedingt vertretbar erscheinen. Bei einem Teil der Ansprüche muß dem Rohstoffwirtschaftler gestattet sein, darauf hinzuweisen, daß die von der Gesellschaft artikulierten Vorstellungen zum Teil auf eine Überspitzung der Ansprüche und eine Pseudoethik zurückzuführen sind. Die entsprechenden Forderungen sind gegen die Erkenntnis zu setzen, daß die Gesellschaft, die einen großen Teil der Kosten selbst aufbringen muß, die durch die von ihr geschaffene Unzugänglichkeit hervorgerufene Verteuerung der Rohstoffe entstehen, wohl von einigen der Verantwortlichen nicht richtig informiert worden sein kann.

Daß man den entstehenden Konflikt, der weiten Teilen der Bevölkerung zwar bewußt, in seinen Ursachen aber nicht hinlänglich bekannt ist, durch sachliche, vornehmlich geokartographische Voruntersuchungen in Zusammenarbeit zwischen Geowissenschaftlern und Planern lösen kann, hat sich bei den Arbeiten an dem vom Autor entwickelten Kartenwerk der Naturraumpotentialkarte (LÜTTIG 1971, 1972, 1977c; LÜTTIG u. PFEIFFER 1974) gezeigt. Dieses Kartenprojekt hat auch erstmalig zur Ausweisung von *Rohstoffsicherungsgebieten* geführt (BECKER-PLATEN 1977; STEIN u. HOFMEISTER 1977; STEIN 1978); damit hat sich die Raumordnung auf eine der Wirtschaft vernünftig erscheinende Position eingependelt, in der überspitzten Umweltschutz-Restriktiven entgegengesteuert werden kann.

Für die geowissenschaftliche Forschung bedeuten diese Grundpositionen einen Anlaß, sich verstärkt vor allem dem Gebiet der oberflächennahen nichtmetallischen Rohstoffe zuzuwenden. Dazu gehören in erster Linie: Einrichtung neuer und Ausbau bestehender Forschungsstätten, dabei Konzentration auf regionale Schwerpunkte der Forschung, an diesen Schaffung eines Verbundes von Institutionen aus den Bereichen Geologie, Mineralogie-Petrographie, Technologie, Explorationsgeophysik, Teilen der Berg- und Betriebswirtschaft, Aufbereitungs- und Verarbeitungstechnik, Werkstoffkunde u. a., Teilen der Ingenieur-Wissenschaften usw. sowie Einrichtung entsprechender Aufbau-Studiengänge.

Ziel dieser Anstrengungen sollte auch sein, die in der Geologie bestehende Vernachlässigung der Lockerablagerungen, deren Genese man fälschlich oft als unproblematisch und frei von wissenschaftlichen Fragestellungen betrachtet, aufzuheben. Entsprechende Absolventen, die allmählich die bestehende Lücke an geeigneten Fachleuten – unter anderem für die Lehre – füllen können, sollten herangebildet werden. Gleichzeitig müßte allmählich das Überangebot an Vertretern von überrepräsentierten Spezialgebieten abgebaut werden. Das Lehrangebot sollte generell besser als bisher dem Bedarf in der Praxis angepaßt werden.

Zu einer praxisnäheren Ausrichtung gehört auf der Basis gründlicher Kenntnisse in der geologischen Kartierung die gegenwärtig in Vergessenheit geratene Bildung in Richtung räumlicher Vorstellungsgabe, Verstehen genetischer Zusammenhänge, Entwicklung solider Kenntnisse bei der Ansprache von Gesteinen, vor allem von Lockergesteinen (auch in Bohrungen), die Fähigkeit, Berichte und Gutachten in klarer und verständlicher Form abzufassen und dabei rechtzeitig und präzise auf die für die Praxis wichtigen Antworten zu kommen, Einblick in wirtschaftliche Zusammenhänge zum Zwecke von Aussagen im Sinne einer Prä-Feasibilität oder Feasibilität zu geben usw. Auch ist es notwendig, einige Forschungsbereiche, die geologischen Sachverstand erfordern, zusammen mit anderen einschlägigen Fachleuten wieder an die Geologie zu ziehen und auch zum Teil leichtfertig anderen Forschungsrichtungen überlassene Bereiche wieder mit geowissenschaftlichem Sachverstand zu füllen.

Dazu gehören besonders die
- thematische planungsrelevante Kartographie (Naturraumpotential- und Rohstoffsicherungskarten)
- geotechnologische Forschung (Entwicklung neuer Produkte aus Rohstoffen, dabei Suche nach Austauschrohstoffen, Änderung der konventionellen Einsatzbereiche)
- Substitut-, Recycling-, Abfallstoff-Forschung
- der geowissenschaftliche Bereich der Werk- und Baustofforschung (vor allem in Richtung Straßenbau, Gebäudekonservierung)
- der geologische Anteil der Abbau-, Aufbereitungs-, Anreicherungs-Forschung
- die Rekultivierungs-Geowissenschaften (einschließlich der bodenkundlichen, hydrogeologischen, bodenmechanischen Fragen bis hin zur ökologischen Betrachtung)
- die ökologische Geologie (im Sinne einer vorausschauenden Umweltgeologie).

Wenn es nicht gelingt, wenigstens Teile der Geowissenschaften auf den Weg in die angedeutete Forschungsstrategie zu bringen, ist zu befürchten, daß das gegenwärtig in der Öffentlichkeit sich verstärkende Bewußtsein, für die Beantwortung vieler dringlicher Versorgungsfragen des Rates der Geologen, von Lagerstätten- und Rohstoffkundlern und verwandten Fachleuten zu bedürfen, nicht genutzt und dabei eine Chance vertan wird, die *in der Geschichte der Geowissenschaften einmalig* ist. Denn wir Geognosten müssen doch zur Kenntnis nehmen, daß die Zwänge des Naturraumes, die wir trotz aller eindringlichen und oft überspitzten Warnungen erst undeutlich erkennen können, wie eine dunkle Wolke auf uns zudriften. Das Licht, das in diese ungewisse Zukunft getragen werden muß, bedarf unserer Hand, denn wir sind es, die die Zusammenhänge am besten überblicken.

7. Planerisches und politisches Umfeld

Die Diskussion des Themas Rohstoff- und Energievorsorge ist eine Domäne von Fachleuten geworden, aber der einzelne Experte bestreicht doch nur einen Teilbereich des Gesamtkomplexes.

Wie schwer muß es da selbst für den mit staatsmännischem Weitblick ausgestatteten Politiker, der rohstoff- und energiewissenschaftliche Erkenntnisse in rohstoff- und energiepolitische Entscheidungen umsetzen muß, sein, die richtige Aussage zu erkennen, den entscheidenden wissenschaftlichen Gesichtspunkt herauszuklauben, nicht auf falschen Rat hereinzufallen! Und muß man sich nicht, wenn man den vielen Bürgerinitiativen nur guten Willen und staatsbürgerliche Einsicht zubilligt – und das ist sicherlich nicht ganz richtig – die Frage stellen, ob es denn zulässig ist, die längst nicht ausreichend urteilsfähige Öffentlichkeit zur Entscheidung über Fragen zu ermuntern, die selbst ein Fachmann allein nicht überblicken kann? Dabei soll nicht über die Ursache der Uninformiertheit des Bürgers und die notwendigen gesellschaftspolitischen Folgerungen räsoniert werden. Nur so viel soll angemerkt werden: Die sich ergebende Konstellation der Auseinandersetzung ist recht merkwürdig. Zwischen grotesken Mißverständnissen und gestörten Vertrauensgrundlagen balanciert die Politik in einer halb öffentlich, halb hinter verschlossenen Türen ausgetragenen ideologischen Auseinandersetzung, bei der die Fronten quer durch die einzelnen Gruppierungen gehen und sich Befürworter oder Gegner bestimmter rohstoff- und energiepolitischer Auffassungen aus den verschiedensten Lagern mischen.

Die Entwicklung einer längerfristigen geopolitischen Gesamtkonzeption ist aber unbestrittenerweise die wichtigste politische Führungsaufgabe dieses Jahrhunderts, und man wird die Vertreter aller Richtungen in Zukunft in weitaus geringerem Maße an ihrer Einstellung oder Bewältigung von Problemen vordergründiger Popularität als an denen, von denen der Weg in die Zukunft bestimmt wird, messen.

Nun wird sich mancher Leser gefragt haben, ob es sich für einen Wissenschaftler ziemt, Anmerkungen zur politischen Diskussion in eine fachliche Abhandlung einzubeziehen. Dazu darf vorausgeschickt werden, daß keine parteipolitischen Gedanken-Ausflüge beabsichtigt sind. Und zum zweiten ist doch Politik in erster Linie als ordnende Gestaltung des Gemeinwesens, als die das Wohl der Polis, das Gemeinwohl der Bürger im Auge habende (haben sollende) Aufgabe der Zivilisation gemeint, an der der Wissenschaftler als Bürger freilich interessiert sein sollte.

Dazu sagt der Bürger Geowissenschaftler, daß die Politik der Gegenwart – und noch mehr die ordnende Gestaltung des Gemeinwesens der Zukunft – im wesentlichen wirtschaftspolitische Züge annehmen muß. Wirtschaftspolitik ist aber in erster Linie Rohstoff- und Energiepolitik. Die Zukunft und die Möglichkeiten der menschenwürdigen und -gerechten Gestaltung der Zukunft sind wesentlich von dem Vorhandensein und der Bereitstellung von Rohstoffen und Energieträgern abhängig. Da wir – wann es auch immer sein mag – jedoch mit Bestimmtheit auf Zeitpunkte in der Zukunft zusteuern, die allesamt nur mit hohem technischen und finanziellen Aufwand übersteigbaren Barrieren entsprechen, wird in der politischen Diskussion der Zukunft Thema 1 die Überwindung von Rohstoffmangelsituationen sein. Das heißt schließlich, daß in späteren Zeiten andere Themen einen nur noch kleinen, ständig geringer werdenden Freiraum besitzen dürften, wenn wir nicht weltfremden Ordnungsprinzipien zum Opfer fallen wollen, wie einige Futurologen das offensichtlich beabsichtigen.

Statt dessen geht es bereits jetzt darum, die Ressourcen, ohne welche eine weitere, hoffentlich kontrollierte und geordnete Entwicklung der Menschheit nicht möglich ist, zu orten, zu erforschen, unbekanntes Naturraumpotential ausfindig zu machen, zu erschließen, neue Technologien zu entwickeln, Rohstoffe besser als bisher aufzubereiten, Energie-Lagerstätten besser auszunutzen, Grundwasser-Lagerstätten optimal zu bewirtschaften und zu schützen, das Boden-Geopotential und damit die landwirtschaftliche Produktion zu vermehren und ertragssicher zu machen. Schließlich – und das wird die schwierigste Aufgabe sein – wird es darum gehen, die Rohstoffe gerecht zu verteilen.

Schreien diese Aufgaben nicht geradezu nach dem Geowissenschaftler? Denn wer ist in der Lage, wissenschaftliche Erkenntnisse, Methoden und Verfahren zur Exploration, Exploitation, Verarbeitung, Aufbereitung vorzuhalten und überhaupt neue Rohstoffe und Energieträger, Deponiemöglichkeiten, Bodenstandorte mit hohem Ertragspotential nachzuweisen? Das ist zunächst keine Aufgabe für Verwaltungsjuristen, Gewerkschaftsfunktionäre und Futurologie-Statistiker! Und weil das so ist, müssen die Geologen für eine Mobilisation ihres Berufszweiges in Richtung auf die prospektive, in die Zukunft orientierte Geologie eintreten (vgl. LÜTTIG 1975, 1976a).

Wichtig erscheint in diesem Zusammenhang – vor allem im Hinblick auf die wirtschaftliche Situation der Rohstoff-Industrie –, Verhaltensmuster und Möglichkeiten der Politik im Zusammenhang mit Rohstoff-Fragen generell zu beleuchten.

Zunächst geht es hierbei um die Frage der Bewegungsmöglichkeit der Politik in solchen Fragen überhaupt. Vertreter der einzelnen politischen Gruppierungen pflegen, auf dieses Problem angesprochen, zu bemerken, gerade sie hätten sich zum Beispiel die Entwicklung der heimischen Energieträger oder irgendeine andere Rohstoff-Frage von nationaler Bedeutung aufs Korn genommen. Das ist in allen Fällen sicherlich auch ehrlich gemeint. Aber man darf nicht verkennen, daß es sich hierbei gar nicht um Fragen handelt, an der Nuancierungen, bedingt durch unterschiedliche politische Standpunkte, überhaupt vorgenommen werden können. Hier sind Grundfragen der Daseinsvorsorge angesprochen, für welche die Differenziertheiten der Parteipolitik nichts hergeben, Grundfragen, die statt dessen, wenn man bösartig denken will, durch brutale Interessensbekundungen und machtpolitischen Zugriff geregelt werden können. Schließlich ist doch die Geschichte voll von Beweisen dafür, daß auch bei Änderungen der politischen Nuancierung ganze Nationen über Jahrhunderte hinaus von Begehren und Zwängen geleitet werden, bei denen es um Überwindung geogener Nachteile oder Besetzen von Naturraumpotential ging.

So ist auch die Tagespolitik der Gegenwart in einer Ebene angesiedelt, die wegen ihrer Vordergründigkeit die Lösung vieler grundsätzlicher Probleme nicht möglich macht. Die zwingenden Fragen der Daseinsvorsorge liegen hinter der Fassade des die Massen faszinierenden Wortgeplänkels des Alltages. Hinter dieser Kulisse warten nur durch Fachwissen und naturwissenschaftlich-technischen Sachverstand lösbare, und zwar brennende Fragen, und die Politik, welche diese Fragen in Entscheidungen umsetzen kann, muß als Politik der zweiten Ebene erst noch erfunden werden.

Der Autor ist sich bewußt, damit erheblichen Widerspruch von seiten der Volksvertreter zu implizieren, möchte aber diesen mit dem Hinweis auf ein Beispiel der Gegenwart gleich unterbinden: Dieses Beispiel wird durch die Diskussion in den Parteien Westeuropas, vornehmlich der Bundesrepublik, über die Frage der Nuklear-Entsorgung gestellt.

Alle politischen Parteien der Bundesrepublik, gewöhnt an einen Gegenwarts-Stil, der langes Vorausdenken durch auf hereinbrechende Gegebenheiten reagierendes, oft rein reflektierendes Verhalten verdrängt hat, ließen diese brennende Frage auf sich zukommen. Die Experten, am Anfang noch, als es um die Erfindungen an sich und Entwicklung von Deponie-Ideen ging, gehört, geachtet, später nur noch geduldet, wurden schließlich durch ein Heer von Scharlatanen und Epigonen verdrängt. Viele von ethischer Integrität und ehrlichem Bemühen geleitete Volksvertreter standen bald vor einer Flut von Äußerungen, in denen Wahrheiten nicht von Halbwahrheiten und letztere nicht von glatten Lügen zu unterscheiden waren. Wenn sich daher die Väter des Gedankens in Zurückhaltung üben, so geschieht das nicht ganz freiwillig, sondern auch, weil sie sich von den Epigonen überrollt fühlen. Die politischen Gruppen aber, schwankend angesichts der Unübersichtlichkeit und Unverständlichkeit der Materie, ringen heute noch um Linie; die Auffassungen gehen quer durch die Gruppierungen, Freund ist von Gegner nicht zu unterscheiden.

Daß die Öffentlichkeit schließlich von immer stärker werdendem bohrendem und fragendem Mißtrauen ergriffen wurde, ist nicht verwunderlich. Bürgerinitiativen sind eine natürliche Folge. Auch sie vermögen nicht, die Probleme zu durchschauen, und es ist ergötzlich zu beobachten, wie in einer eigenartigen, der GOETHESCHEN Farbenlehre widersprechenden Metamorphose nun plötzlich neben roten, schwarzen und blauen Fähnchen grüne Flaggen im Standartenwald der Volkshaufen wehen.

Das Durcheinander scheint unübertreffbar. Die Frage taucht auf: „Ist eine solche Zivilisation noch lenkbar?" Hysterie ist an einigen Orten erkennbar. Nachdem sich die Umweltschutz-Hysteriker beruhigt haben, die Energiekrisen-Manager sich einer weniger lauten Sprache befleißigen, tanzen nun die Nuklear-Hysteriker auf den Plätzen des Gemeinwesens!

In dieser Situation die Idee der Rohstoff-Sicherung zu artikulieren – ausgehend von den Rohstoff-Verknappungsprognosen, weiterentwickelt zu konkreten Gegenmaßnahmen der Rohstoff-Wissenschaft und -Wirtschaft und geleitet durch geologische Kartierer und Prospektierer, Lagerstättenkundler, Geochemiker und Geophysiker, Bohrmeister, Bergleute, Aufbereitungstechniker, Vermessungsingenieure und viele andere – und auf Widerhall zu hoffen, ist dann keine leichte Aufgabe.

Noch schwieriger ist es, in dieses Spannungsfeld zu treten, nachdem mit Mühe die Kohlenwasserstoff- und Erzprospektion zum Ziele einer Wirtschaftspolitik der zweiten Ebene proklamiert werden konnte, und für die Nichtmetall-Rohstoffkunde zu sprechen. Kann man erwarten, daß die Rohstoffpolitiker sich rasch genug auf diese neuen Warnungen der Wissenschaftler einstellen können? Der Geologe bedarf stets eines gesunden Optimismus!

Ständige Artikulation ist weltweit nötig, um einen Mechanismus in Bewegung zu bringen, dessen Schwerfälligkeit zu Hoffnungslosigkeit Anlaß gibt. Die Umsetzung wissenschaftlicher Erkenntnisse in wirtschaftspolitische Entscheidungen als Hauptaufgabe der Politik der Gegenwart und Zukunft benötigt Anstöße, die in erster Linie von Geowissenschaftlern, Technologen und Rohstoffwirtschaftlern kommen müssen. Auf dem Gebiet der nichtmetallischen Rohstoffe ist es nötig, daß diese Anstöße mit (noch zu vertiefender) Sachkenntnis und in einer dem Planer verständlichen Sprache erfolgen, je früher, desto besser.

8. Zusammenfassung

Angesichts der steigenden wirtschaftlichen Bedeutung der Rohstoffe und Energieträger und einiger Anzeichen von Beschränktheit des Naturraumpotentials im Hinblick auf entsprechende Lagerstätten hielt es der Autor für nötig, die wirtschaftliche Bedeutung des Geopotentials und die Rolle der Geognosten bei der Verhinderung von Mangelsituationen gebührend darzustellen. Die Notwendigkeit für Forschung und Lehre, aber auch für die Wirtschaftspolitik, sich auf diese Gegebenheiten einzustellen, wurde untermauert. Dieses in hinreichend deutlichen Worten gesagt zu haben, ist des Verfassers Hoffnung. Aber wie sagt doch Friedrich Wilhelm Weber?

> „Zwischen Mögen und Vollbringen
> Liegt bei uns des Zauderns Öde,
> Und ein Sumpf, ein Tatenmörder
> Ist der Sumpf der deutschen Rede!"

Möge er im Unrecht sein!

9. Schriftenverzeichnis

Alpan, S. u. G. Lüttig: The German-Turkish lignite exploration in Turkey of the years 1965 to 1969. Plan of operation and scientific, mainly stratigraphic results. (Känozoikum und Braunkohlen der Türkei. 3.), Newsl. Stratigr. (Leiden) 1. 3. 1971, S. 11–18.

Barthel, F. u. a.: Die künftige Entwicklung der Energienachfrage und deren Deckung. – In: Perspektiven bis zum Jahre 2000. Abschnitt III: Das Angebot von Energie-Rohstoffen. – Hannover (BGR) 1976. 353 S., 18 Anl.

Baum, Vladimir: The north-south dialogue from a raw materials perspective. – Vortrag 2. Intern. Rohstoffsympos. BGR Hannover 1979. 29 S. Mskr. Veröff. in: Bender, F. (Hrsg.): The Mineral Resources Potential of the Earth. Stuttgart 1979. S. 8–23.

Becker-Platen, Jens D.: Rohstoffsicherung für Naturgestein. – Die Naturstein-Industrie 5. 1979, S. 3–8, 4 Abb.

Bender, Friedrich: Ausfallrisiko bei metallischen Rohstoffen. – Metall 32. H. 4. 1978, S. 367–371, 388–390.

Bundesanstalt für Geowissenschaften und Rohstoffe, Deutsches Institut für Wirtschaftsforschung u. Institut zur Erforschung technologischer Entwicklungslinien: Ausfallrisiko bei 31 Rohstoffen. Zusammenfassung. Berlin, Hamburg, Hannover 1978. 36 S.

Cissarz, A. u. a.: Untersuchungen über Angebot und Nachfrage mineralischer Rohstoffe. 1. Blei. – Hannover u. Berlin 1971, 66 S., 13 Anl.

Cissarz, A. u. a.: Untersuchungen über Angebot und Nachfrage mineralischer Rohstoffe. 2. Kupfer. – Hannover (BfB) u. Berlin (DIW) 1972. 135 S., Anl. 1–10 d.

Cissarz, A. u. a.: Untersuchungen über Angebot und Nachfrage mineralischer Rohstoffe. 3. Aluminium. – Berlin u. Hannover 1973. 204 S., 95 Tab., 21 Abb., 19 Taf.

Gabor, D. u. a.: Das Ende der Verschwendung. Zur materiellen Lage der Menschheit – Ein Tatsachenbericht an den Club of Rome. Mit Beiträgen von Eduard Pestel. – Stuttgart 1976. 252 S. (dva informativ).

Govett, G. J. S. u. M. H. Govett: World mineral supplies. Assessment and perspective. – Developm. econ. Geol. (Amsterdam) 3. 1976. S. 1–472.

Haenel, Ralph: Energie aus dem Innern der Erde. – Umschau in Wiss. u. Techn. 82. 1982, S. 50–55.

Kivinen, Erkki: New statistics on the utilization of peatlands in different countries. – Proc. 6th intern. Peat Congr., Duluth, Minn., USA, 1980. Duluth 1980. S. 48–51.

Kivinen, E. u. P. Pakarinen: Peatland areas and the proportion of virgin peatlands in different countries. – Proc. 6th intern. Peat Congr., Duluth, Minn. 1980. Duluth 1980. S. 52–54.

Lüttig, Gerd: Stand und Möglichkeiten der Braunkohlen-Prospektion in der Türkei. (Känozoikum und Braunkohlen der Türkei 1) – Geol. Jb. 85. 1968, S. 585–604, 1 Taf. [Zitiert als 1968 a].

Lüttig, Gerd: Types of Lignite Deposits. – Rep. 23rd Sess. intern. geol. Congr. Abstracts (Prag) 1968, S. 292. [Zitiert als 1968 b].

Lüttig, Gerd: Die Bedeutung der Bodenschätze Niedersachsens für die Wirtschaftsentwicklung des Landes. – Geol. Jb. 89. 1971, S. 583–600. 1 Abb., 1 Tab.

Lüttig, Gerd: Naturräumliches Potential I, II und III. – In: Niedersachsen, Industrieland mit Zukunft. Hrsg.: Nds. Min. Wirtsch., Hannover 1972. S. 9–10. 3 Ktn.

Lüttig, G. u. O. Pfeiffer: Die Karte des Naturraum-Potentials. Ein neues Ausdrucksmittel geowissenschaftlicher Forschung für Landesplanung und Raumordnung. – N. Arch. Niedersachsen 23. 1974, S. 3–13.

Lüttig, Gerd: Prospektive Geologie – eine Antwort auf die Umweltprobleme der Gegenwart und der Zukunft. Z. dt. geol. Ges. 127. 1976, S. 1–10. [Zitiert als 1976 a].

Lüttig, Gerd: Die feuerfesten und keramischen Rohstoffe in der Bundesrepublik, ihre Verfügbarkeit und ihre Lagerstättensicherung. – Keram. Z. 28. 1976, S. 633–635, 1 Tab. [Zitiert als 1976 b].

Lüttig, Gerd: Zur Lebensdauer, Verfügbarkeit und Vorratssicherung der feuerfesten und keramischen Rohstoffe in der Bundesrepublik Deutschland. – Sprechsaal 110. 3. 1977, S. 126–128, 1 Tab. [Zitiert als 1977 a].

Lüttig, Gerd W.: Sand, gravel, and related raw materials. – In: Bender, F.: The importance of the Geosciences for the supply of mineral raw materials. Stuttgart 1977. S. 92–105, 3 Tab. [Zitiert als 1977 b].

Lüttig, Gerd: Die Rolle der geowissenschaftlichen Kartographie in der vorausschauenden Umweltforschung. – Kartogr. Nachr. 27. 1977, S. 81–89. [Zitiert als 1977 c].

Lüttig, Gerd: Die Entwicklungsländer mit geringem Geopotential – aus der Sicht des Geowissenschaftlers. Hannover: Nd. Landeszentrale f. polit. Bildung 1978. 174 S., 1 Taf. [Zitiert als 1978 a]

Lüttig, Gerd W.: Surficial Raw Materials: Their Role and Importance for the Society. (Die Rolle der oberflächennahen Rohstoffe in der Öffentlichkeit und ihre Bedeutung für die menschliche Gesellschaft). – 4th intern. Congr. Bauxites ect. Athen 2. 1978, S. 507–525. [Zitiert als 1978 b].

Lüttig, Gerd: A general view of the Neogene and Quaternary of the Mediterranean with respect to lignite prospecting. – Proc. VI Coll. Geol. Aegean Reg. Athens 1977, 3. 1979, S. 1199–1216.

Lüttig, Gerd W.: Peat granulate and subtropical (and similar) soils. – Proc. 6th intern. Peat Congr., Duluth (Minn.), Aug., 17–23, 1980, Duluth 1981, S. 418–420.

Meadows, Dennis u. a.: Die Grenzen des Wachstums. – Stuttgart 1972. 180 S.

Melidonis, Nikolaos G.: Beitrag zur Kenntnis der Torflagerstätte von Philippi (Ostmazedonien). – Telma 11. 1981, S. 41–63, 5 Abb., 3 Tab.

Odell, Peter R.: Simulating the future of oil 1980–2080: The inter-relationship of resources, reserves development and use. – Econ. geogr. Inst. Work Paper (A) (Rotterdam) 80. 8. 1980, S. 1–70.

Pestel, Eduard: Weltkrise und organisches Wachstum – Perspektiven der gegenwärtigen Situation. – Universitas 30. 1975, S. 561–570.

Pestel, Eduard: Prognose und Systemforschung. – DFG Mitt. 1/77. 1977, S. 3–5, 21.

Sommerlatte, Herbert W. A.: The Technical and Economic Significance of the Most Important Non-Metallic Mineral Raw Materials to Modern Industry. – In: Mineral Raw Materials. Stuttgart 1977. S. 106–116. [Zitiert als 1977 a].

Sommerlatte, Herbert W. A.: Die technische und wirtschaftliche Bedeutung der nichtmetallischen Rohstoffe für die moderne Industrie. – Erzmetall 30. 5. 1977, S. 183–188. [Zitiert als 1977 b].

Stein, Volker: Regional planning and the exploiting of industrial minerals – problems of industrialized countries. – Prepr. 3rd industr. Min. intern. Congr., Paris 1978. 3 S.

Stein, Volker u. a.: Begründung für die Ausweisung von Gebieten besonderer Bedeutung und von Vorranggebieten für die Rohstoffgewinnung in Niedersachsen. – Mskr., Archiv Nr. 88450. 52, + 3 S., Hannover (NLfB) 1981.

Stein, V. u. E. Hofmeister: Die Darstellung oberflächennaher Rohstoffvorkommen in Rohstoffsicherungskarten. – Geol. Jb. (D) 27. 1977, S. 121–132. 3 Abb. [Zitiert als 1977 a].

Stein, V. u. E. Hofmeister: Schätzung der Rohstoffvorräte in oberflächennahen Lagerstätten Niedersachsens. – Geol. Jb. (D) 27. 1977, S. 133–149. [Zitiert als 1977 b].

Uytenbogaardt, W.: De wereldgrondstoffenpositie. – Antirevolut. Staatskunde (Amsterdam) 45. 1975, S. 307–313.

Sonderabdrucke aus den
Mitteilungen der Fränkischen Geographischen Gesellschaft
Erlanger Geographische Arbeiten
Herausgegeben vom Vorstand der Fränkischen Geographischen Gesellschaft
ISSN 0170–5172

Heft 1. *Thauer, Walter:* Morphologische Studien im Frankenwald und Frankenwaldvorland. 1954. IV. 232 S., 10 Ktn., 11 Abb., 7 Bilder und 10 Tab. im Text, 3 Ktn. u. 18 Profildarst. als Beilage.
ISBN 3-920405-00-5 kart. DM 19,–

Heft 2. *Gruber, Herbert:* Schwabach und sein Kreis in wirtschaftsgeographischer Betrachtung. 1955. IV, 134 S., 9 Ktn., 1 Abb., 1 Tab.
ISBN 3-920405-01-3 kart. DM 11,–

Heft 3. *Thauer, Walter:* Die asymmetrischen Täler als Phänomen periglazialer Abtragungsvorgänge, erläutert an Beispielen aus der mittleren Oberpfalz. 1955. IV, 39 S., 5 Ktn., 3 Abb., 7 Bilder.
ISBN 3-920405-02-1 kart. DM 5,–

Heft 4. *Höhl, Gudrun:* Bamberg – Eine geographische Studie der Stadt. 1957. IV, 16 S., 1 Farbtafel, 28 Bilder, 1 Kt., 1 Stadtplan. – *Hofmann, Michel:* Bambergs baukunstgeschichtliche Prägung. 1957. 16 S.
ISBN 3-920405-03-X kart. DM 8,–

Heft 5. *Rauch, Paul:* Eine geographisch-statistische Erhebungsmethode, ihre Theorie und Bedeutung. 1957. IV, 52 S., 1 Abb., 1 Bild u. 7 Tab. im Text, 2 Tab. im Anhang.
ISBN 3-920405-04-8 kart. DM 5,–

Heft 6. *Bauer, Herbert F.:* Die Bienenzucht in Bayern als geographisches Problem. 1958. IV, 214 S., 16 Ktn., 5 Abb., 2 Farbbilder, 19 Bilder u. 23 Tab. im Text, 1 Kartenbeilage.
ISBN 3-920405-05-6 kart. DM 19,–

Heft 7. *Müssenberger, Irmgard:* Das Knoblauchsland, Nürnbergs Gemüseanbaugebiet. 1959. IV, 40 S., 3 Ktn., 2 Farbbilder, 10 Bilder u. 6 Tab. im Text, 1 farb. Kartenbeilage.
ISBN 3-920405-06-4 kart. DM 9,–

Heft 8. *Burkhart, Herbert:* Zur Verbreitung des Blockbaues im außeralpinen Süddeutschland. 1959. IV, 14 S., 6 Ktn., 2 Abb., 5 Bilder.
ISBN 3-920405-07-2 kart. DM 3,–

Heft 9. *Weber, Arnim:* Geographie des Fremdenverkehrs im Fichtelgebirge und Frankenwald. 1959. IV, 76 S., 6 Ktn., 4 Abb., 17 Tab.
ISBN 3-920405-08-0 kart. DM 8,–

Heft 10. *Reinel, Helmut:* Die Zugbahnen der Hochdruckgebiete über Europa als klimatologisches Problem. 1960. IV, 74 S., 37 Ktn., 6 Abb., 4 Tab.
ISBN 3-920405-09-9 kart. DM 10,–

Heft 11. *Zenneck, Wolfgang:* Der Veldensteiner Forst. Eine forstgeographische Untersuchung. 1960. IV, 62 S., 1 Kt., 4 Farbbilder u. 23 Bilder im Text, 1 Diagrammtafel, 5 Ktn., davon 2 farbig, als Beilage.
ISBN 3-920405-10-2 kart. DM 19,–

Heft 12. *Berninger, Otto:* Martin Behaim. Zur 500. Wiederkehr seines Geburtstages am 6. Oktober 1459. 1960. IV, 12 S.
ISBN 3-920405-11-0 kart. DM 3,–

Heft 13. *Blüthgen, Joachim:* Erlangen. Das geographische Gesicht einer expansiven Mittelstadt. 1961. IV, 48 S., 1 Kt., 1 Abb., 6 Farbbilder, 34 Bilder u. 7 Tab. im Text, 6 Ktn. u. 1 Stadtplan als Beilage.
ISBN 3-920405-12-9 kart. DM 13,–

Heft 14. *Nährlich, Werner:* Stadtgeographie von Coburg. Raumbeziehung und Gefügewandlung der fränkisch-thüringischen Grenzstadt. 1961. IV, 133 S., 19 Ktn., 2 Abb., 20 Bilder u. zahlreiche Tab. im Text, 5 Kartenbeilagen.
ISBN 3-920405-13-7 kart. DM 21,–

Heft 15. *Fiegl, Hans:* Schneefall und winterliche Straßenglätte in Nordbayern als witterungsklimatologisches und verkehrsgeographisches Problem. 1963. IV, 52 S., 24 Ktn., 1 Abb., 4 Bilder, 7 Tab.
ISBN 3-920405-14-5 kart. DM 6,–

Heft 16. *Bauer, Rudolf:* Der Wandel der Bedeutung der Verkehrsmittel im nordbayerischen Raum. 1963. IV, 191 S., 11 Ktn., 18 Tab.
ISBN 3-920405-15-3 kart. DM 18,–

Heft 17. *Hölcke, Theodor:* Die Temperaturverhältnisse von Nürnberg 1879 bis 1958. 1963. IV, 21 S., 18 Abb. im Text, 1 Tabellenanhang u. 1 Diagrammtafel als Beilage.
ISBN 3-920405-16-1 kart. DM 4,–

Heft 18. Festschrift für Otto Berninger.
Inhalt: Erwin Scheu: Grußwort. – Joachim Blüthgen: Otto Berninger zum 65. Geburtstag am 30. Juli 1963. – Theodor Hurtig: Das Land zwischen Weichsel und Memel, Erinnerungen und neue Erkenntnisse. – Väinö Auer: Die geographischen Gebiete der Moore Feuerlands. – Helmuth Fuckner: Riviera und Côte d'Azur – mittelmeerische Küstenlandschaft zwischen Arno und Rhone. – Rudolf Käubler: Ein Beitrag zum Rundlingsproblem aus dem Tepler Hochland. – Horst Mensching: Die südtunesische Schichtstufenlandschaft als Lebensraum. – Erich Otremba: Die venezolanischen Anden im System der südamerikanischen Cordillere und in ihrer Bedeutung für Venezuela. – Pierre Pédelaborde: Le Climat de la Méditerranée Occidentale. – Hans-Günther Sternberg: Der Ostrand der Nordskanden, Untersuchungen zwischen Pite- und Torne älv. – Eugen Wirth: Zum Problem der Nord-Süd-Gegensätze in Europa. – Hans Fehn: Siedlungsrückgang in den Hochlagen des Oberpfälzer und Bayerischen Waldes. – Konrad Gaukler: Beiträge zur Zoogeographie Frankens. Die Verbreitung montaner, mediterraner und lusitanischer Tiere in nordbayerischen Landschaften. – Helmtraut Hendinger: Der Steigerwald in forstgeographischer Sicht. – Gudrun Höhl: Die Siegritz-Voigendorfer Kuppenlandschaft. – Wilhelm Müller: Die Rhätsiedlungen am Nordostrand der Fränkischen Alb. – Erich Mulzer: Geographische Gedanken zur mittelalterlichen Entwicklung Nürnbergs. – Theodor Rettelbach: Mönau und Mark, Probleme eines Forstamtes im Erlanger Raum. – Walter Alexander Schnitzer: Zum Problem der Dolomitsandbildung auf der südlichen Frankenalb. – Heinrich Vollrath: Die Morphologie der Itzaue als Ausdruck hydro- und sedimentologischen Geschehens. – Ludwig Bauer: Philosophische Begründung und humanistischer Bildungsauftrag des Erdkundeunterrichts, insbesondere auf der Oberstufe der Gymnasien. – Walter Kucher: Zum afrikanischen Sprichwort. – Otto Leischner: Die biologische Raumdichte. – Friedrich Linnenberg: Eduard Pechuel-Loesche als Naturbeobachter.

1963. IV, 358 S., 35 Ktn., 17 Abb., 4 Farbtafeln, 21 Bilder, zahlreiche Tabellen.
ISBN 3-920405-17-X kart. DM 36,–

Heft 19. *Hölcke, Theodor:* Die Niederschlagsverhältnisse in Nürnberg 1879 bis 1960. 1965, 90 S., 15 Abb. u. 51 Tab. im Text, 15 Tab. im Anhang.
ISBN 3-920405-18-8 kart. DM 13,–

Heft 20. *Weber, Jost:* Siedlungen im Albvorland von Nürnberg. Ein siedlungsgeographischer Beitrag zur Orts- und Flurformengenese. 1965. 128 S., 9 Ktn., 3 Abb. u. 2 Tab. im Text, 6 Kartenbeilagen.
ISBN 3-920405-19-6 kart. DM 19,–

Heft 21. *Wiegel, Johannes M.:* Kulturgeographie des Lamer Winkels im Bayerischen Wald. 1965. 132 S., 9 Ktn., 7 Bilder, 5 Fig. u. 20 Tab. im Text, 4 farb. Kartenbeilagen.
vergriffen

Heft 22. *Lehmann, Herbert:* Formen landschaftlicher Raumerfahrung im Spiegel der bildenden Kunst. 1968. 55 S., mit 25 Bildtafeln.
ISBN 3-920405-21-8   kart. DM 10,-

Heft 23. *Gad, Günter:* Büros im Stadtzentrum von Nürnberg. Ein Beitrag zur City-Forschung. 1968. 213 S., mit 38 Kartenskizzen u. Kartogrammen, 11 Fig. u. 14 Tab. im Text, 5 Kartenbeilagen.
ISBN 3-920405-22-6   kart. DM 24,-

Heft 24. *Troll, Carl:* Fritz Jaeger. Ein Forscherleben. Mit e. Verzeichnis d. wiss. Veröffentlichungen von Fritz Jaeger, zsgest. von Friedrich Linnenberg. 1969. 50 S., mit 1 Portr.
ISBN 3-920405-23-4   kart. DM 7,-

Heft 25. *Müller-Hohenstein, Klaus:* Die Wälder der Toskana. Ökologische Grundlagen, Verbreitung, Zusammensetzung und Nutzung. 1969. 139 S., mit 30 Kartenskizzen u. Fig., 16 Bildern, 1 farb. Kartenbeil., 1 Tab.-Heft u. 1 Profiltafel als Beilage.
ISBN 3-920405-24-2   kart. DM 22,-

Heft 26. *Dettmann, Klaus:* Damaskus. Eine orientalische Stadt zwischen Tradition und Moderne. 1969. 133 S., mit 27 Kartenskizzen u. Fig., 20 Bildern u. 3 Kartenbeilagen, davon 1 farbig.
vergriffen

Heft 27. *Ruppert, Helmut:* Beirut. Eine westlich geprägte Stadt des Orients. 1969. 148 S., mit 15 Kartenskizzen u. Fig., 16 Bildern u. 1 farb. Kartenbeilage.
ISBN 3-920405-26-9   kart. DM 25,-

Heft 28. *Weisel, Hans:* Die Bewaldung der nördlichen Frankenalb. Ihre Veränderungen seit der Mitte des 19. Jahrhunderts. 1971. 72 S., mit 15 Kartenskizzen u. Fig., 5 Bildern u. 3 Kartenbeilagen, davon 1 farbig.
ISBN 3-920405-27-7   kart. DM 16,-

Heft 29. *Heinritz, Günter:* Die „Baiersdorfer" Krenhausierer. Eine sozialgeographische Untersuchung. 1971. 84 S., mit 6 Kartenskizzen u. Fig. u. 1 Kartenbeilage.
ISBN 3-920405-28-5   kart. DM 15,-

Heft 30. *Heller, Hartmut:* Die Peuplierungspolitik der Reichsritterschaft als sozialgeographischer Faktor im Steigerwald. 1971. 120 S., mit 15 Kartenskizzen u. Figuren und 1 Kartenbeilage.
ISBN 3-920405-29-3   kart. DM 17,-

Heft 31. *Mulzer, Erich:* Der Wiederaufbau der Altstadt von Nürnberg 1945 bis 1970. 1972. 231 S., mit 13 Kartenskizzen u. Fig., 129 Bildern u. 24 farb. Kartenbeilagen.
ISBN 3-920405-30-7   kart. DM 39,-

Heft 32. *Schnelle, Fritz:* Die Vegetationszeit von Waldbäumen in deutschen Mittelgebirgen. Ihre Klimaabhängigkeit und räumliche Differenzierung. 1973. 35 S., mit 1 Kartenskizze u. 2 Profiltafeln als Beilage.
ISBN 3-920405-31-5   kart. DM 9,-

Heft 33. *Kopp, Horst:* Städte im östlichen iranischen Kaspitiefland. Ein Beitrag zur Kenntnis der jüngeren Entwicklung orientalischer Mittel- und Kleinstädte. 1973. 169 S., mit 30 Kartenskizzen, 20 Bildern und 3 Kartenbeilagen, davon 1 farbig.
ISBN 3-920405-32-3   kart. DM 28,-

Heft 34. *Berninger, Otto:* Joachim Blüthgen, 4. 9. 1912–19. 11. 1973. Mit einem Verzeichnis der wissenschaftlichen Veröffentlichungen von Joachim Blüthgen, zusammengestellt von Friedrich Linnenberg. 1976. 32 S., mit 1 Portr.
ISBN 3-920405-36-6 kart. DM 6,–

Heft 35. *Popp, Herbert:* Die Altstadt von Erlangen. Bevölkerungs- und sozialgeographische Wandlungen eines zentralen Wohngebietes unter dem Einfluß gruppenspezifischer Wanderungen. 1976. 118 S., mit 9 Figuren, 8 Kartenbeilagen, davon 6 farbig, und 1 Fragebogen-Heft als Beilage.
ISBN 3-920405-37-4 kart. DM 28,–

Heft 36. *Al-Genabi, Hashim K. N.:* Der Suq (Bazar) von Bagdad. Eine wirtschafts- und sozialgeographische Untersuchung. 1976, 157 S., mit 37 Kartenskizzen u. Figuren, 20 Bildern, 8 Kartenbeilagen, davon 1 farbig, und 1 Schema-Tafel als Beilage.
ISBN 3-920405-38-2 kart. DM 34,–

Heft 37. *Wirth, Eugen:* Der Orientteppich und Europa. Ein Beitrag zu den vielfältigen Aspekten west-östlicher Kulturkontakte und Wirtschaftsbeziehungen. 1976. 108 S., mit 23 Kartenskizzen u. Figuren im Text und 4 Farbtafeln.
ISBN 3-920405-39-0 kart. DM 28,–

Heft 38. *Hohenester, Adalbert:* Die potentielle natürliche Vegetation im östlichen Mittelfranken (Region 7). Erläuterungen zur Vegetationskarte 1 : 200 000. 1978. 74 S., mit 26 Bildern, 4 Tafelbeilagen und 1 farb. Kartenbeilage.
ISBN 3-920405-44-7 kart. DM 28,–

Heft 39. *Meyer, Günter:* Junge Wandlungen im Erlanger Geschäftsviertel. Ein Beitrag zur sozialgeographischen Stadtforschung unter besonderer Berücksichtigung des Einkaufsverhaltens der Erlanger Bevölkerung. 1978. 215 S., mit 44 Kartenskizzen u. Figuren, zahlreichen Tab. u 1 Beilagenheft.
ISBN 3-920405-45-5 kart. DM 38,–

Heft 40. *Wirth, Eugen, Inge Brandner, Helmut Prösl u. Detlev Eifler:* Die Fernbeziehungen der Stadt Erlangen. Ausgewählte Aspekte überregionaler Verflechtungen im Interaktionsfeld einer Universitäts- und Industriestadt. 1978, 83 S., mit 57 Kartenskizzen und Figuren auf 34 Abbildungen.
ISBN 3-920405-46-3 kart. DM 18,–

Heft 41. *Wirth, Eugen:* In vino veritas? Weinwirtschaft, Weinwerbung und Weinwirklichkeit aus der Sicht eines Geographen. 1980. 66 S., mit 4 Kartenskizzen u. Figuren.
ISBN 3-920405-50-1 kart. DM 15,–

Heft 42. *Weicken, Hans-Michael:* Untersuchungen zur mittel- und jungpleistozänen Talgeschichte der Rednitz. Aufgrund von Beobachtungen im Raum Erlangen. 1982. 125 S., mit 33 Kartenskizzen u. Figuren und 5 Beilagen.
ISBN 3-920405-55-2 kart. DM 29,–

Heft 43. *Hopfinger, Hans:* Erfolgskontrolle regionaler Wirtschaftsförderung. Zu den Auswirkungen der Regionalpolitik auf Arbeitsmarkt und Wirtschaftsstruktur am Beispiel der Textilindustrie im Regierungsbezirk Oberfranken. 1982. 167 S., mit 17 Kartenskizzen u. Figuren.
ISBN 3-920405-56-0 kart. DM 26,–

Heft 44. *Lüttig, Gerd W.:* Die Grenzen des Wachstums, geognostisch gesehen. 1985. 47 S., mit 7 Kartenskizzen und Figuren.
ISBN 3-920405-59-5   kart. DM 12,-

Heft 45. *Endres, Rudolf:* Franken und Bayern im 19. und 20. Jahrhundert. 1985. 52 S., mit 6 Karten und 12 Bildern.
ISBN 3-920405-60-9   kart. DM 13,-

* * *

Nicht in den Mitteilungen der Fränkischen Geographischen Gesellschaft erschienen
Sonderbände der Erlanger Geographischen Arbeiten
Herausgegeben vom Vorstand der Fränkischen Geographischen Gesellschaft

ISSN 0170–5180

Sonderband 1. *Kühne, Ingo:* Die Gebirgsentvölkerung im nördlichen und mittleren Apennin in der Zeit nach dem Zweiten Weltkrieg. Unter besonderer Berücksichtigung des gruppenspezifischen Wanderungsverhaltens. 1974. 296 S., mit 16 Karten, 3 schematischen Darstellungen, 17 Bildern u. 21 Kartenbeilagen, davon 1 farbig.
ISBN 3-920405-33-1 kart. DM 82,–

Sonderband 2. *Heinritz, Günter:* Grundbesitzstruktur und Bodenmarkt in Zypern. Eine sozialgeographische Untersuchung junger Entwicklungsprozesse. 1975. 142 S., mit 25 Karten, davon 10 farbig, 1 schematischen Darstellung, 16 Bildern und 2 Kartenbeilagen.
ISBN 3-920405-34-X kart. DM 73,50

Sonderband 3. *Spieker, Ute:* Libanesische Kleinstädte. Zentralörtliche Einrichtungen und ihre Inanspruchnahme in einem orientalischen Agrarraum. 1975. 228 S., mit 2 Karten, 16 Bildern und 10 Kartenbeilagen.
ISBN 3-920405-35-8 kart. DM 19,–

Sonderband 4. *Soysal, Mustafa:* Die Siedlungs- und Landschaftsentwicklung der Çukurova. Mit besonderer Berücksichtigung der Yüregir-Ebene. 1976. 160 S., mit 28 Kartenskizzen u. Fig., 5 Textabbildungen u. 12 Bildern.
ISBN 3-920405-40-4 kart. DM 28,–

Sonderband 5. *Hütteroth, Wolf-Dieter and Kamal Abdulfattah:* Historical Geography of Palestine, Transjordan and Southern Syria in the Late 16th Century. 1977. XII, 225 S., mit 13 Karten, 1 Figur u. 5 Kartenbeilagen, davon 1 Beilage in 2 farbigen Faltkarten.
ISBN 3-920405-41-2 kart. DM 69,–

Sonderband 6. *Höhfeld, Volker:* Anatolische Kleinstädte. Anlage, Verlegung und Wachstumsrichtung seit dem 19. Jahrhundert. 1977. X, 258 S., mit 77 Kartenskizzen u. Fig. und 16 Bildern.
ISBN 3-920405-42-0 vergriffen

Sonderband 7. *Müller-Hohenstein, Klaus:* Die ostmarokkanischen Hochplateaus. Ein Beitrag zur Regionalforschung und zur Biogeographie eines nordafrikanischen Trockensteppenraumes. 1978, 193 S., mit 24 Kartenskizzen u. Fig., davon 18 farbig, 15 Bildern, 4 Tafelbeilagen und 1 Beilagenheft mit 22 Fig. und zahlreichen Tabellen.
ISBN 3-920405-43-9 kart. DM 108,–

Sonderband 8. *Jungfer, Eckhardt:* Das nordöstliche Djaz-Murian-Becken zwischen Bazman und Dalgan (Iran). Sein Nutzungspotential in Abhängigkeit von den hydrologischen Verhältnissen. 1978, XII, 176 S., mit 28 Kartenskizzen u. Fig., 20 Bildern und 4 Kartenbeilagen.
ISBN 3-920405-47-1 kart. DM 29,–

Sonderband 9. *Mayer, Josef:* Lahore. Entwicklung und räumliche Ordnung seines zentralen Geschäftsbereichs. 1979. XI, 202 S., mit 3 Figuren, 12 Bildern und 10 mehrfarbigen Kartenbeilagen.
ISBN 3-920405-48-X kart. DM 128,–

Sonderband 10. *Stingl, Helmut:* Strukturformen und Fußflächen im westlichen Argentinien. Mit besonderer Berücksichtigung der Schichtkämme. 1979. 130 S., mit 9 Figuren, 27 Bildern, 2 Tabellen und 10 Beilagen.
ISBN 3-920405-49-8 kart. DM 48,20

Sonderband 11. *Kopp, Horst:* Agrargeographie der Arabischen Republik Jemen. Landnutzung und agrarsoziale Verhältnisse in einem islamisch-orientalischen Entwicklungsland mit alter bäuerlicher Kultur. 1981, 293 S., mit 15 Kartenskizzen, 6 Figuren, 24 Bildern u. 22 Tabellen im Text und 1 Übersichtstafel, 25 Luftbildtafeln u. 1 farbigen Faltkarte als Beilage.
ISBN 3-920405-51-X kart. DM 149,–

Sonderband 12. *Abdulfattah, Kamal:* Mountain Farmer and Fellah in 'Asīr, Southwest Saudi Arabia. The Conditions of Agriculture in a Traditional Society. 1981. 123 S., mit 17 Kartenskizzen u. Figuren, 25 Bildern und 7 Kartenbeilagen, davon 1 farbig.
ISBN 3-920405-52-8 kart. DM 78,–

Sonderband 13. *Höllhuber, Dietrich:* Innerstädtische Umzüge in Karlsruhe. Plädoyer für eine sozialpsychologisch fundierte Humangeographie. 1982. 218 S., mit 88 Kartenskizzen und Figuren und 19 Tabellen.
ISBN 3-920405-53-6 kart. DM 76,–

Sonderband 14. *Wirth, Eugen (Hrsg.):* Deutsche geographische Forschung im Orient. Ein Überblick anhand ausgewählter gegenwartsbezogener Beiträge zur Geographie des Menschen. 1983. Aufsatzsammlung in arabischer Sprache: 565 S. Text in arab. Übersetzung, mit 142 Kartenskizz. u. Figuren, 42 Tab. u. 1 farb. Faltkarte als Beilage; 36 S. Titelei, Inhaltsverzeichnis, Quellennachweis u. Vorwort auch in deutsch, englisch, französisch. kart. DM 68,–

Sonderband 15. *Popp, Herbert:* Moderne Bewässerungslandwirtschaft in Marokko. Staatliche und individuelle Entscheidungen in sozialgeographischer Sicht. 1983. Textband: 265 S., mit 18 Kartenskizzen, 5 Figuren u. 37 Tabellen. Kartenband: 10 Falttafeln mit 12 einfarb. u. 9 mehrfarb. Karten.
ISBN 3-920405-57-9 kart. DM 100,–

Sonderband 16. *Meyer, Günter:* Ländliche Lebens- und Wirtschaftsformen Syriens im Wandel. Sozialgeographische Studien zur Entwicklung im bäuerlichen und nomadischen Lebensraum. 1984. 325 S., mit 65 Kartenskizzen u. Figuren, davon 3 farbig, 59 Tabellen, 26 Bildern u. 8 Faltkarten, davon 1 farbig.
ISBN 3-920405-58-7

Sonderband 17. *Popp, Herbert und Franz Tichy (Hrsg.):* Möglichkeiten, Grenzen und Schäden der Entwicklung in den Küstenräumen des Mittelmeergebietes.
ISBN 3-920405-61-7 ca. DM 29,–

Sonderveröffentlichung

Endres, Rudolf: Erlangen und seine verschiedenen Gesichter. 1982. 56 S., mit 7 Stadtplänen, 1 Kartenskizze und 34 Bildern.
ISBN 3-920405-54-4 kart. DM 18,–

Selbstverlag der Fränkischen Geographischen Gesellschaft
Kochstraße 4, D-8520 Erlangen